U0291513

全屋定制

宋宇 —— 著

方案严选

江苏凤凰科学技术出版社 · 南京

图书在版编目（CIP）数据

全屋定制方案严选 / 宋宇著. —— 南京 ：江苏凤凰
科学技术出版社，2022.7
ISBN 978-7-5713-2989-1

Ⅰ．①全… Ⅱ．①宋… Ⅲ．①家具－设计 Ⅳ．
①TS664.01

中国版本图书馆CIP数据核字(2022)第094618号

全屋定制方案严选

著　　　者	宋　宇	
项 目 策 划	凤凰空间／翟永梅	
责 任 编 辑	赵　研　刘屹立	
特 约 编 辑	李文恒　杨　畅	

出 版 发 行	江苏凤凰科学技术出版社
出 版 社 地 址	南京市湖南路1号A楼，邮编：210009
出 版 社 网 址	http：//www.pspress.cn
总 　经 　销	天津凤凰空间文化传媒有限公司
总 经 销 网 址	http：//www.ifengspace.cn
印　　　刷	北京博海升彩色印刷有限公司

开　　　本	889 mm×1 194 mm　1／16
印　　　张	12
插　　　页	4
字　　　数	50 000
版　　　次	2022年7月第1版
印　　　次	2022年7月第1次印刷

标 准 书 号	ISBN 978-7-5713-2989-1
定　　　价	198.00元（精）

图书如有印装质量问题，可随时向销售部调换（电话：022-87893668）。

前言

当下的业主装修已经从早期的随意简陋、从众模仿到一掷千金、力求奢华，进而转变为追求简洁大方、个性独特、精致优雅，体现了人们从追求物质转变为追求更高的生活品质。本书正是适应这一时代特征，精选了主流的八种全屋定制风格。其中，现代风格、简约风格最受青睐，轻奢风格、新中式风格也受到了年轻人的喜爱。且轻奢风格与新中式风格中简洁而又有棱角的线条，简约却不简单，时尚而不奢侈，给人眼前一亮的感觉。

本书还列举了6种常用柜体的布局尺寸三视图案例，特别介绍了橱柜所用的五金件，以及衣柜的不同内部格局。最后一章展示了各种柜体、柜门常用的板材及颜色，橱柜通体拉手和普通拉手的样式及颜色，让客户选样更方便。

市面上常见的全屋定制图册，很多都是以效果图为主，很少附带CAD图，或是虽有CAD图却没有尺寸，这样的图册只能给业主客户展示一下大致的效果，对于设计以及报价意义不大。本书针对此种情况，特别增加

了以下几项内容：一、CAD尺寸图，给设计师提供了极大的方便。二、柜体展开面积、背板面积、门板面积和五金配件数量，这些数据可以让销售人员在现场给业主直接计算报价，让业主一目了然、痛快下单，同时这些数据对工厂下料生产也很方便。三、面板造型和颜色展示，可以让业主一目了然，随心选用。四、VR全景效果，手机扫码即可观看360°全景效果，让业主直观感受整体布局和设计效果。

本书不仅可以供业主当场选样时参考，也可供全屋定制店面销售人员、设计师和加工厂使用，是全屋定制整个链条都可以使用的参考书。

著者

2022年2月

目录

扫码关注
回复大写字母"FAYX"
即可免费下载全书 CAD 原图

1

全屋方案严选

从现代风格中提炼出干练的黑与灰，营造出安静、沉稳的感觉，在奢华的高级黑立面上点缀白色系的门板，色彩元素互相碰撞，是设计者追求前卫的态度。

玄关

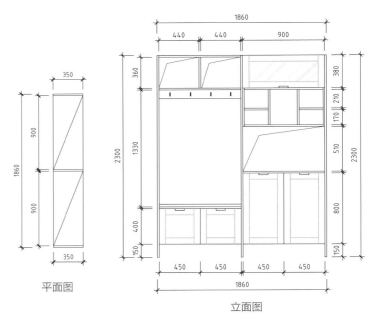

平面图

立面图

注：本书平立面图的单位均为毫米（mm）。

▌相关参数

柜体展开面积：5.7 m²
柜体薄背板面积：4.3 m²
门板面积：1.2 m²
玻璃门板面积：0.4 m²
五金：铰链 4 对、气撑 2 个、拉手 5 个

扫码观看全景图片

客厅（局部1）

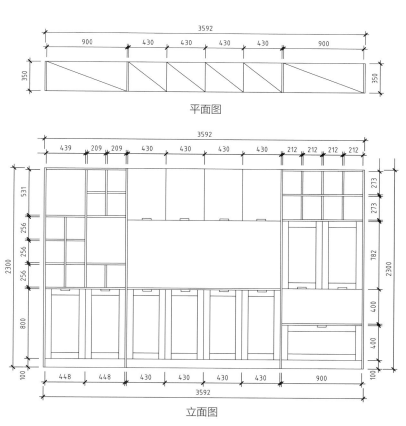

平面图

立面图

相关参数

柜体展开面积：14.1 m²

柜体薄背板面积：8.3 m²

门板面积：4.2 m²

五金：铰链 8 对、气撑 4 个、
拉手 13 个、三节轨 1 对

扫码观看全景图片

客厅（局部2）

细节剖析

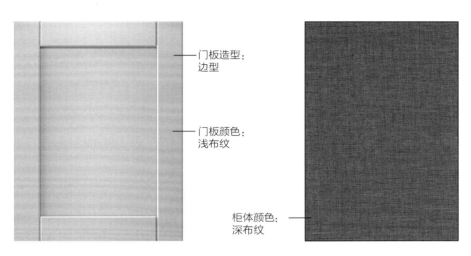

门板造型:
边型

门板颜色:
浅布纹

柜体颜色:
深布纹

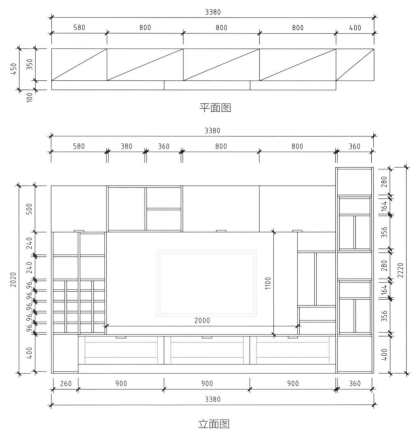

平面图

立面图

相关参数

柜体展开面积：12.7 m²
柜体薄背板面积：7.0 m²
门板面积：1.9 m²
五金：三节轨 3 对、气撑 3 个、拉手 6 个

扫码观看全景图片

厨房

细节剖析

一体式上翻系列

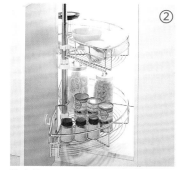

转盘篮

平立面图

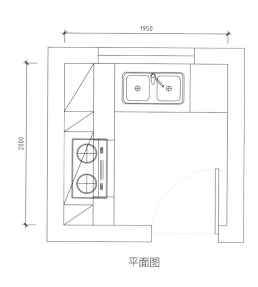

平面图

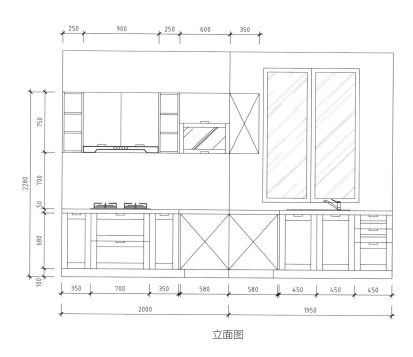

立面图

相关参数

地柜总长: 3.4 m
吊柜总长: 2 m
柜体展开面积: 13.7 m²
柜体薄背板面积: 4.8 m²
门板面积: 2.7 m²
玻璃门板面积: 0.3 m²
五金: 铰链 6 对、台下盆 1 个、气撑 2 个、三节轨 5 对、拉手 13 个

扫 码 观 看 全 景 图 片

餐厅

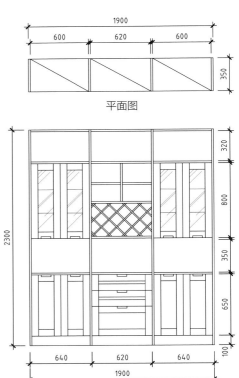

平面图

立面图

▍相关参数

柜体展开面积：7.9 m²
柜体薄背板面积：4.4 m²
门板面积：1.2 m²
玻璃门板面积：1.0 m²
五金：铰链 8 对、三节轨 3 对、拉手 11 个

扫码观看全景图片

飘窗柜

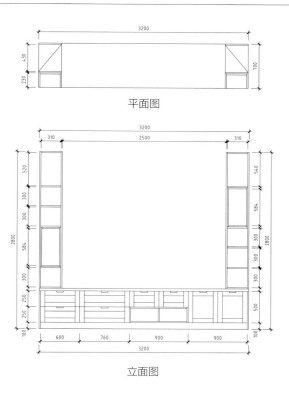

平面图

立面图

▌相关参数

柜体展开面积：15.7 m²
柜体薄背板面积：6.6 m²
门板面积：1.4 m²
五金：铰链 2 对、三节轨 6 对、拉手 8 个

扫码观看全景图片

卧室

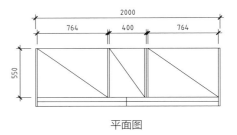

平面图

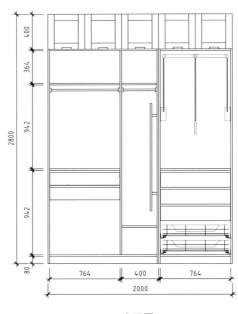

立面图

▍相关参数

柜体展开面积：12.4 m²
柜体薄背板面积：5.6 m²
门板面积：5.3 m²
五金：铰链 5 对、三节轨 3 对、拉手 5 个

扫码观看全景图片

榻榻米

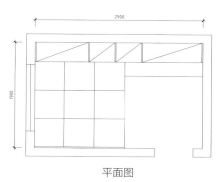

平面图

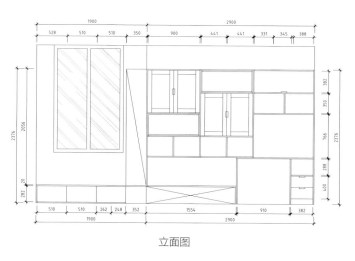

立面图

扫码观看全景图片

相关参数

柜体展开面积：21.8 m²
柜体薄背板面积：9.3 m²
门板面积：2 m²
五金：三节轨 2 对、气撑 10 个、铰链 4 对、拉手 5 个

衣帽间

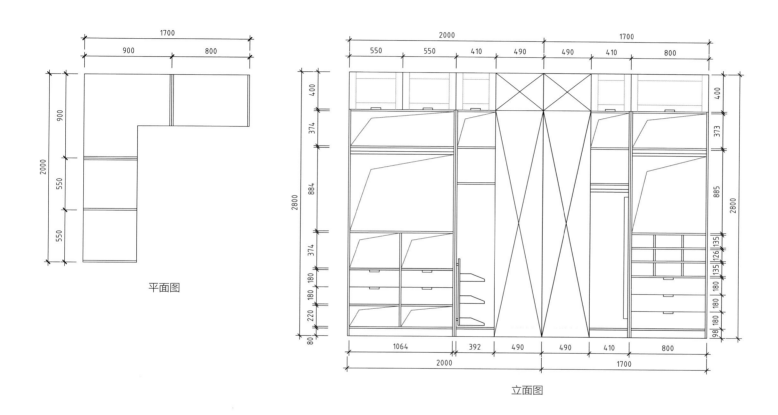

平面图

立面图

相关参数

柜体展开面积：21.47 m²
柜体薄背板面积：10.4 m²
门板面积：1.9 m²
五金：铰链 4 对、三节轨 7 对、气撑 2 个、拉手 12 个

扫码观看全景图片

白雪红日、碧天黄云，把世间最美的色彩都采撷到未来的家里去，糅合成心中最向往的风格。设计师们用各异的元素，以几近完美的搭配智慧，或拼撞或点缀，从纯色中衍生繁华，于缤纷中洗练天然，锻造每个家的专属格调。

玄关

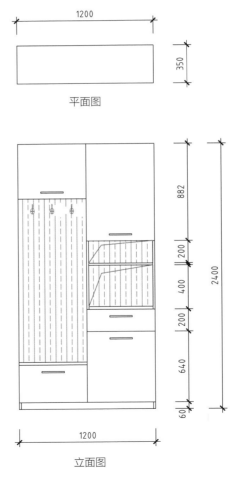

平面图

立面图

相关参数

柜体展开面积：5.2 m²
柜体薄背板面积：2.9 m²
门板面积：1.6 m²
五金：铰链 2 对、气撑 1 个、三节轨 2 对、
　　　拉手 5 个

展示柜

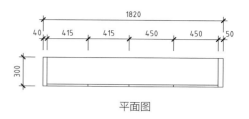

平面图

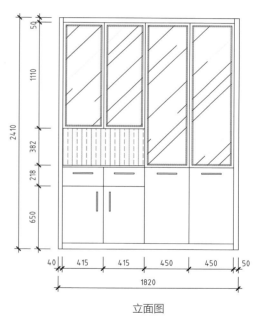

立面图

▌相关参数

柜体展开面积：6 m²
柜体薄背板面积：4.4 m²
门板面积：1.4 m²
玻璃门板面积：2.3 m²
五金：铰链 9 对、三节轨 2 对、拉手 6 个

客厅

细节剖析

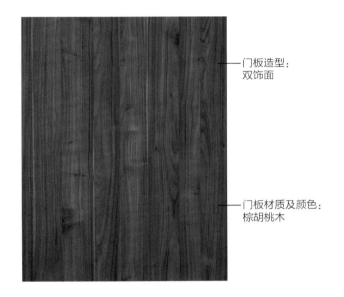

门板造型：
双饰面

门板材质及颜色：
棕胡桃木

—— 门板颜色：
肤感白

相关参数

柜体展开面积：12.6 m²
柜体薄背板面积：6.82 m²
门板面积：1.5 m²
玻璃门板面积：2.2 m²
五金：铰链 8 对、三节轨 3 对、拉手 7 个、气撑 4 个

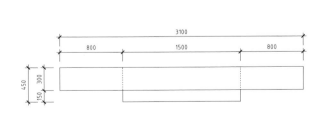

平面图

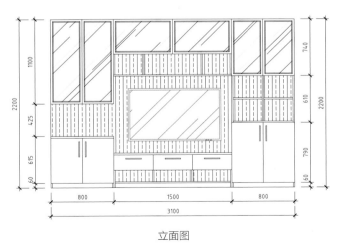

立面图

扫 码 观 看 全 景 图 片

厨房

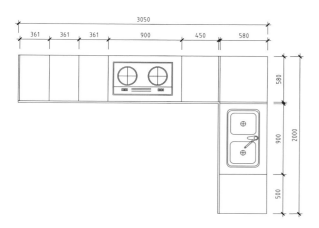

平面图

相关参数

地柜总长：4.5 m
吊柜总长：3.1 m
柜体展开面积：14.9 m²
柜体薄背板面积：6.7 m²
门板面积：4.8 m²
五金：铰链 13 对、台下盆 1 个、三节轨 2 对

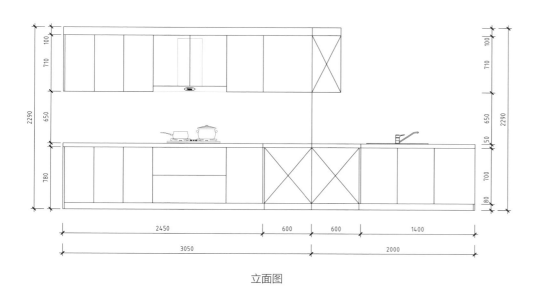

立面图

扫 码 观 看 全 景 图 片

餐厅

平面图

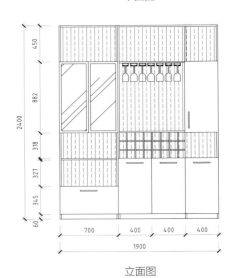

立面图

▍相关参数

柜体展开面积：8.7 m²
柜体薄背板面积：4.56 m²
门板面积：1.5 m²
玻璃门板面积：0.7 m²
五金：铰链 6 对、三节轨 1 对、拉手 5 个

扫码观看全景图片

阳台柜

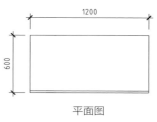

平面图

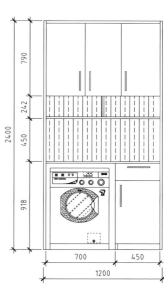

立面图

相关参数

柜体展开面积：8.1 m²
柜体薄背板面积：2.9 m²
门板面积：1.3 m²
五金：铰链4对、三节轨1对、拉手5个

扫码观看全景图片

卧室

平面图

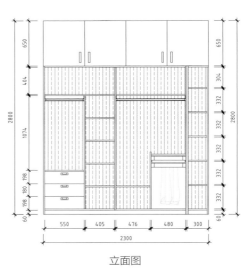

立面图

▮ 相关参数

柜体展开面积：18 m²
柜体薄背板面积：6.5 m²
门板面积：8.57 m²
五金：铰链 4 对、三节轨 3 对、拉手 7 个

扫码观看全景图片

书柜

■ 相关参数

柜体展开面积：22.3 m²
柜体薄背板面积：9.6 m²
门板面积：5.1 m²
玻璃门板面积：0.8 m²
五金：铰链 16 对、三节轨 4 对、拉手 18 个

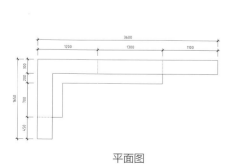

平面图

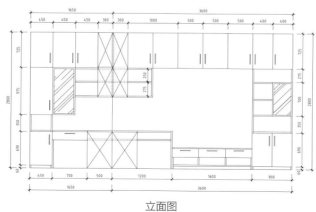

立面图

扫 码 观 看 全 景 图 片

客厅

细节剖析

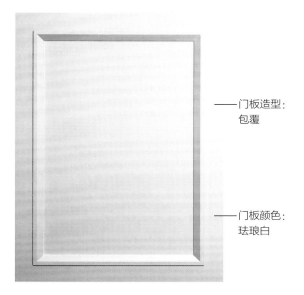

—— 门板造型：
包覆

—— 门板颜色：
珐琅白

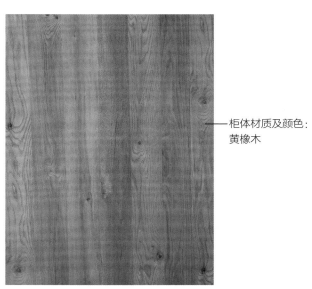

—— 柜体材质及颜色：
黄橡木

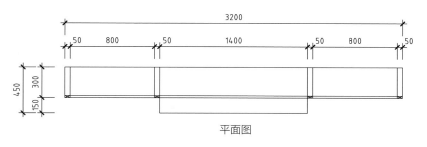

平面图

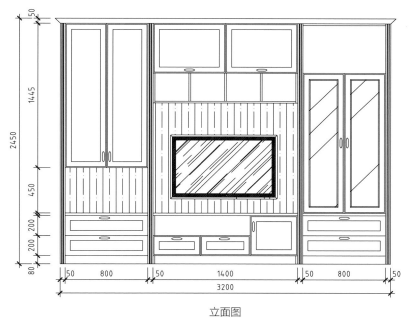

立面图

相关参数

柜体展开面积：14.2 m²
柜体薄背板面积：7.7 m²
门板面积：2.9 m²
玻璃门板面积：1.2 m²
五金：铰链 7 对、三节轨 6 对、气撑 2 个、拉手 13 个

扫码观看全景图片

玄关

1800

350

平面图

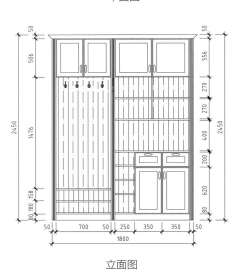

立面图

▌相关参数

柜体展开面积：9.9 m²
柜体薄背板面积：4.4 m²
门板面积：1.4 m²
五金：铰链6对、三节轨2对、拉手8个

扫码观看全景图片

餐厅

平面图

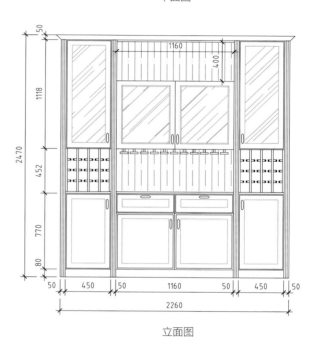

立面图

相关参数

柜体展开面积：14.4 m²
柜体薄背板面积：5.5 m²
门板面积：1.6 m²
玻璃门板面积：1.9 m²
五金：铰链 8 对、三节轨
2 对、拉手 10 个

扫码观看全景图片

厨房

细节剖析

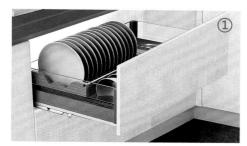
豪华阻尼碗碟篮（带玻璃）

豪华型升降柜

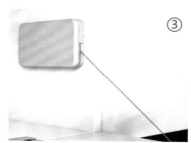
下翻门五金

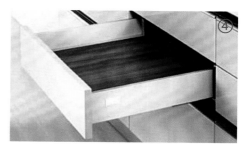
豪华抽帮滑轨（高度 110 mm）

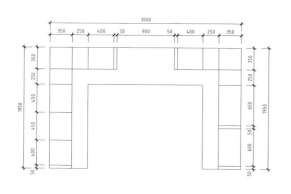
平面图

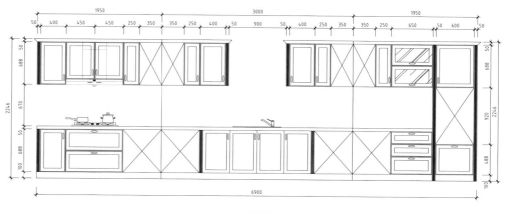
立面图

相关参数

地柜总长：5.7 m
吊柜总长：5.3 m
柜体展开面积：26.4 m²
柜体薄背板面积：10.1 m²
门板面积：5.3 m²
玻璃门板面积：0.5 m²
五金：铰链 15 对、台下盆 1 个、三节轨 6 对、气撑 2 个、拉手 23 个

扫码观赏全景图片

卧室

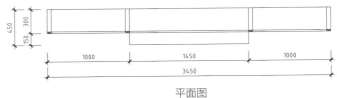

平面图

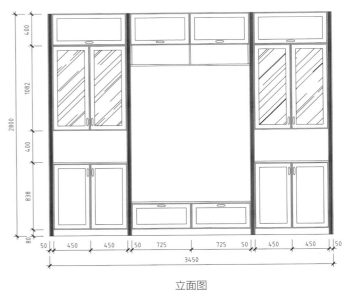

立面图

▌相关参数

柜体展开面积：21㎡
柜体薄背板面积：7.2㎡
门板面积：3.3㎡
玻璃门板面积：2㎡
五金：铰链 8 对、三节轨 2 对、
　　　气撑 4 个、拉手 14 个

扫码观看全景图片

榻榻米

相关参数

柜体展开面积：36 m²
柜体薄背板面积：14.8 m²
门板面积：4 m²
玻璃门板面积：1.8 m²
五金：铰链 9 对、三节轨 8 对、拉手 17 个

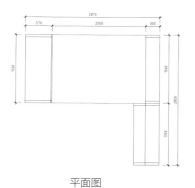

平面图

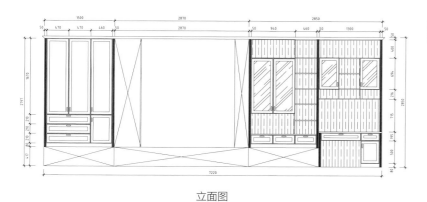

立面图

扫码观看全景图片

1.4 北欧风格

一个打动人心的方案，并不在于设计有多复杂、多超前，而是取决于方案是否满足了客户对家的需求。即便是标准的户型，简单的产品也可以搭配出巧妙、雅致的风格和感觉，让产品更出色，功能展示更饱满，北欧风也可以做得不一样。

客厅

细节剖析

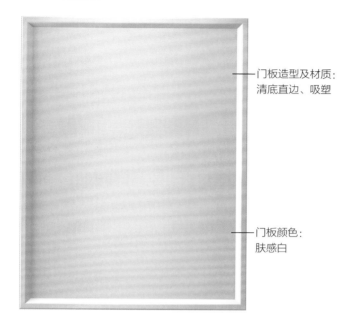

门板造型及材质：
清底直边、吸塑

门板颜色：
肤感白

柜体材质及颜色：
原色孔雀木

平面图

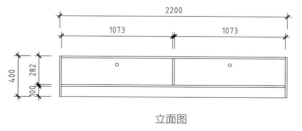

立面图

相关参数

柜体展开面积：2.2 m²
柜体薄背板面积：0.9 m²
门板面积：0.6 m²
五金：三节轨 2 对、拉手 2 个

扫码观看全景图片

厨房

柜体材质及颜色:
烟熏青檀木

相关参数

地柜总长: 3.2 m
吊柜总长: 4.1 m
柜体展开面积: 16.2 m²
柜体薄背板面积: 6.8 m²
门板面积: 4.5 m²
五金: 铰链 12 对、台下盆 1 个、三节轨 2 对、拉手 14 个

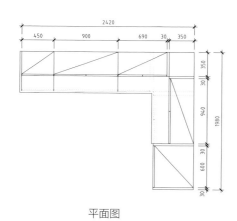

平面图

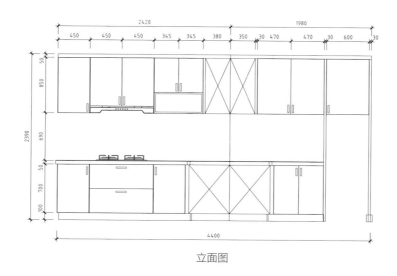

立面图

扫码观看全景图片

玄关

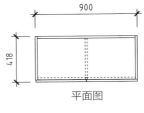

平面图

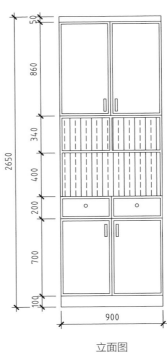

立面图

相关参数

柜体展开面积：4.6 m²

柜体薄背板面积：2.4 m²

门板面积：1.6m²

五金：铰链 4 对、三节轨 2 对、
拉手 6 个

扫码观看全景图片

榻榻米

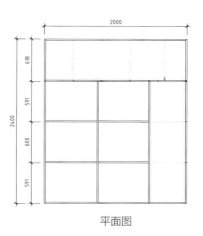

平面图

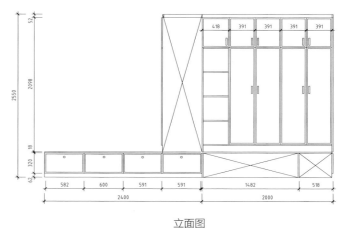

立面图

相关参数

柜体展开面积：20.32 m²
柜体薄背板面积：8.7 m²
门板面积：4.1 m²
五金：铰链 11 对、气撑 6 个、
　　　三节轨 4 对、拉手 13 个

扫码观看全景图片

卧室

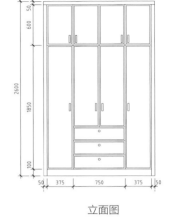

平面图

立面图

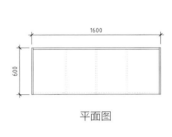

相关参数

柜体展开面积：10.3 m²
柜体薄背板面积：4.2 m²
门板面积：4.2 m²
五金：铰链 11 对、三节轨 3 对、拉手 11 个

扫码观看全景图片

1.5　轻奢风格

轻奢生活，是指一种倡导"轻奢华，新时尚"的生活理念。轻奢只是一种更尊重生活质量的生活方式，与财富多寡、地位高低无关，它代表着对高品质生活细节的追求。

玄关

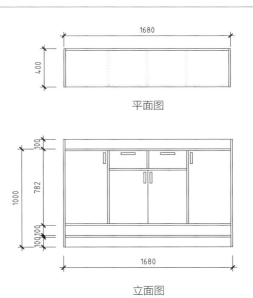

1680

400

平面图

1680

立面图

相关参数

柜体展开面积：3.8 m²
柜体薄背板面积：1.8 m²
门板面积：1.3 m²
五金：铰链 4 对、三节轨 2 对、拉手 6 个

扫码观看全景图片

客厅

细节剖析

相关参数

柜体展开面积：2.2 m²
柜体薄背板面积：0.7 m²
门板面积：0.7 m²
五金：三节轨 3 对、拉手 3 个

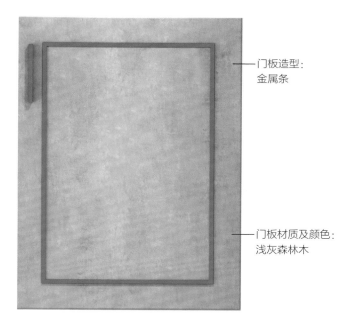

门板造型：
金属条

门板材质及颜色：
浅灰森林木

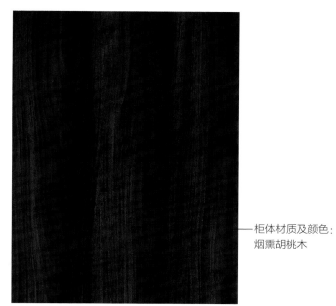

柜体材质及颜色：
烟熏胡桃木

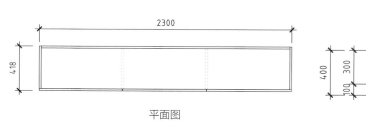

平面图

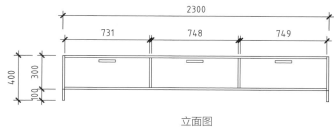

立面图

扫码观看全景图片

厨房

细节剖析

阻尼小怪物（转角联动拉篮）

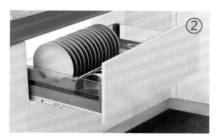

豪华阻尼碗碟篮（带玻璃）

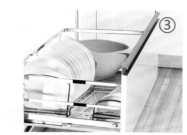

阻尼三边碗篮

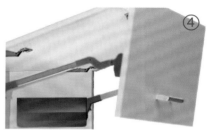

一体式上翻系列

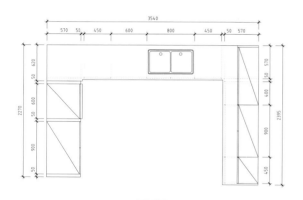

平面图

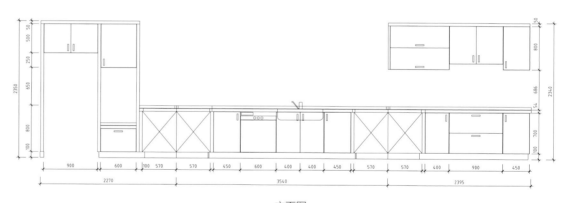

立面图

相关参数

地柜总长：5.4 m

吊柜总长：4.1 m

柜体展开面积：23.1 m²

柜体薄背板面积：9 m²

门板面积：5.3 m²

五金：铰链 12 对、台下盆 1 个、三节轨 3 对、气撑 2 对、拉手 17 个

扫码观看全景图片

卧室

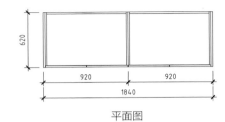

平面图

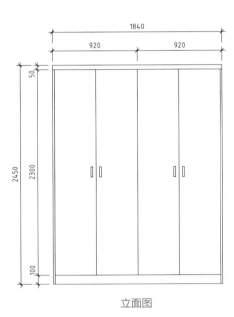

立面图

▍相关参数

柜体展开面积：10.3 m²
柜体薄背板面积：4.5 m²
门板面积：4.2 m²
五金：铰链 8 对、拉手 4 个

扫码观看全景图片

榻榻米

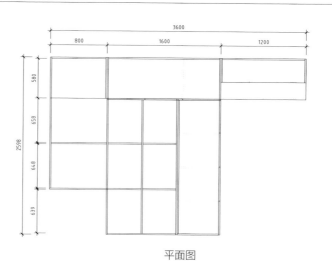

平面图

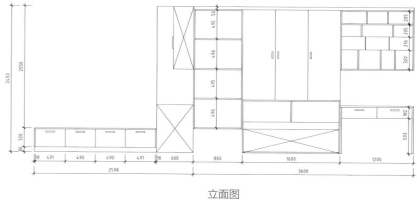

立面图

相关参数

柜体展开面积：33.6 m²
柜体薄背板面积：11.2 m²
门板面积：3.7 m²
五金：铰链 5 对、三节轨 6 对、气撑 9 对、拉手 9 个

扫码观看全景图片

1.6 欧式风格

整个空间设计使用大量的古典欧式元素，处处体现着奢华雅致的韵味，其中金属条的金色为主要元素，贯穿整个空间，由硬装到软装到定制柜，彰显主人贵族气息。

客厅

细节剖析

门板造型及材质：
边框清底直边金
线，吸塑面板卡其
色黑木

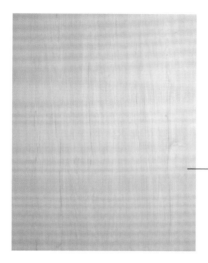

柜体材质及颜色：
白色梨木

相关参数

柜体展开面积：36 m²
柜体薄背板面积：8.4 m²
门板面积：2.6 m²
玻璃门板面积：2.2 m²
五金：铰链 9 对、三节轨 2 对、拉手 10 个、气撑 2 个

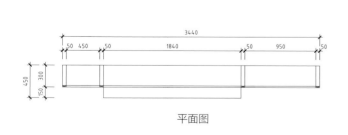

平面图

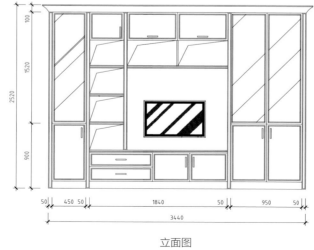

立面图

扫码观看全景图片

玄关

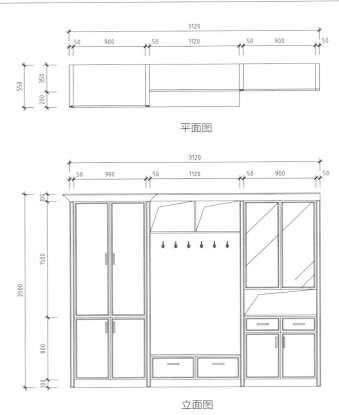

平面图

立面图

相关参数

柜体展开面积：18.1 m²

柜体薄背板面积：7.5 m²

门板面积：3.2 m²

玻璃门板面积：1.1 m²

五金：铰链 9 对、三节轨 4 对、
　　　拉手 10 个

扫码观看全景图片

餐厅

平面图

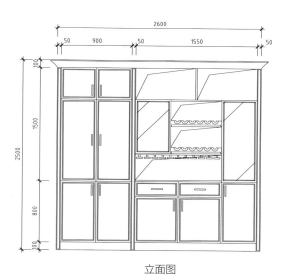

立面图

▍相关参数

柜体展开面积：14.1 m²
柜体薄背板面积：6.3 m²
门板面积：3.4 m²
玻璃门板面积：0.9 m²
五金：铰链 11 对、三节轨 2 对、
　　　拉手 11 个

扫码观看全景图片

厨房

细节剖析

不锈钢大怪物（高柜联动拉篮）

豪华阻尼碗碟篮（带玻璃）

阻尼三边碗篮

阻尼调味篮

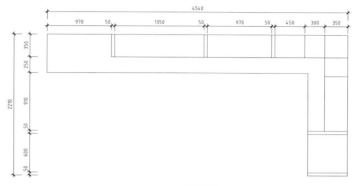

平面图

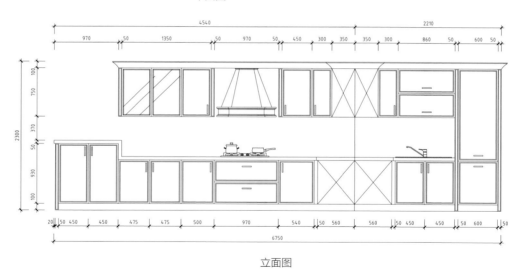

立面图

相关参数

地柜总长：6.2 m
吊柜总长：4.8 m
柜体展开面积：36 m²
柜体薄背板面积：9.5 m²
门板面积：6.5 m²
玻璃门板面积：0.7 m²
五金：铰链 16 对、台下盆 1 个、
　　　三节轨 2 对、拉手 18 个

扫码观看全景图片

衣帽间

细节剖析

① 豪华阻尼框实木分类盒

② 豪华阻尼框架实木裤架

③ 粉色百宝盒

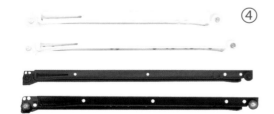

④ 托底滑道

相关参数

柜体展开面积：54 m²
柜体薄背板面积：22.1 m²
门板面积：6.4 m²
玻璃门板面积：1.5 m²
五金：铰链 21 对、三节轨 5 对、拉手 23 个

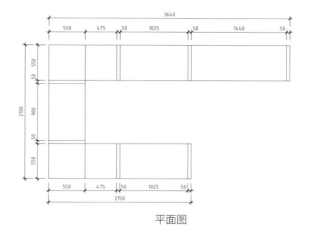

平面图

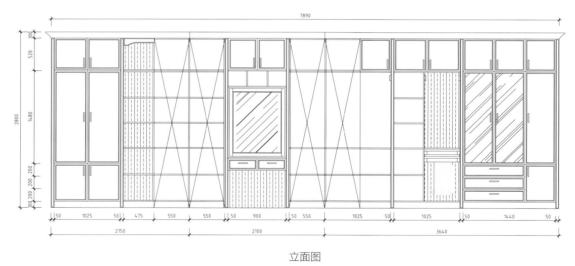

立面图

扫码观看全景图片

卧室

平面图

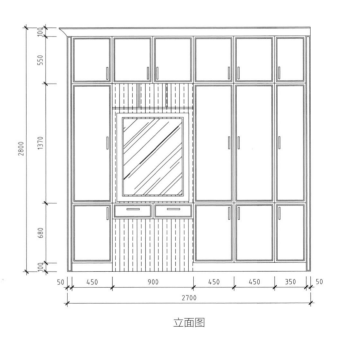

立面图

▍相关参数

柜体展开面积：20.4 m²
柜体薄背板面积：5.6 m²
门板面积：5.1 m²
五金：铰链 16 对、三节轨
2 对、拉手 16 个

扫码观看全景图片

棕色沉稳、白色儒雅，这两个颜色的搭配能营造出书香世家的高贵端庄。大理石材质与实木搭配，简洁明朗，不落俗套又能减轻审美疲劳，宜居宜赏。

玄关

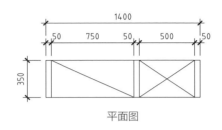

平面图

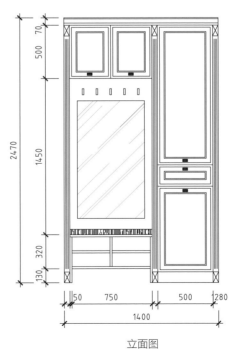

立面图

相关参数

柜体展开面积：8.9 m²
柜体薄背板面积：3 m²
门板面积：1.6 m²
五金：铰链 4 对、三节轨 1 对、拉手 5 个

扫码观看全景图片

客厅

细节剖析

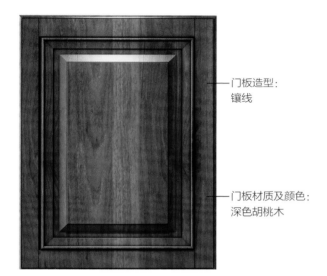

门板造型：
镶线

门板材质及颜色：
深色胡桃木

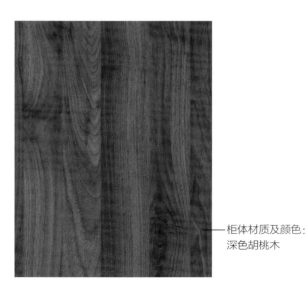

柜体材质及颜色：
深色胡桃木

相关参数

柜体展开面积：14.5 m²
柜体薄背板面积：8.2 m²
门板面积：1.5 m²
玻璃门板面积：2 m²
五金：铰链 8 对、拉手 8 个

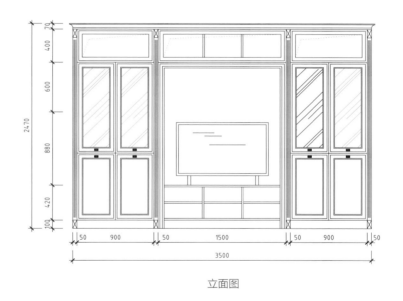

平面图

立面图

扫码观看全景图片

厨房

①

不锈钢大怪物

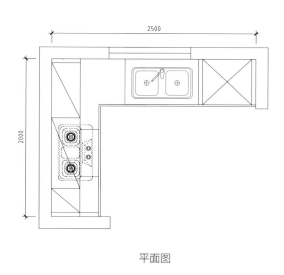

平面图

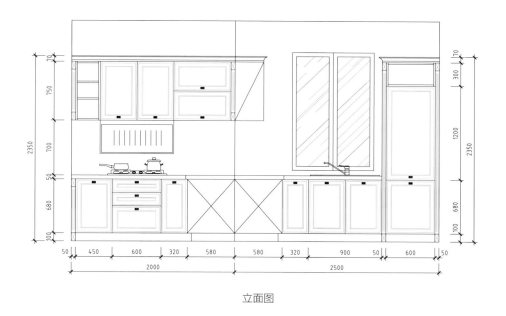

立面图

相关参数

地柜总长：3.9 m

吊柜总长：2 m

柜体展开面积：14.4 m²

柜体薄背板面积：5.3 m²

门板面积：4 m²

五金：铰链 9 对、台下盆 1 个、三节轨 3 对、气撑 2 个、拉手 14 个

扫码观看全景图片

餐厅

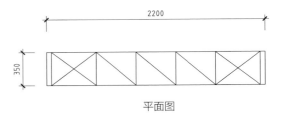

平面图

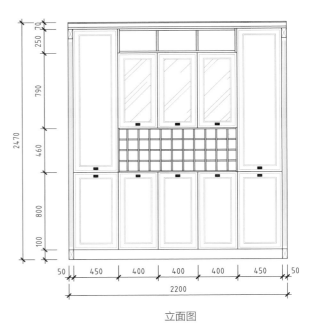

立面图

▌相关参数

柜体展开面积：15.4 m²
柜体薄背板面积：5.1 m²
门板面积：3.1 m²
玻璃门板面积：1 m²
五金：铰链 11 对、
　　　拉手 10 个

扫码观看全景图片

卧室

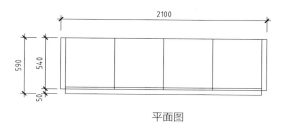

平面图

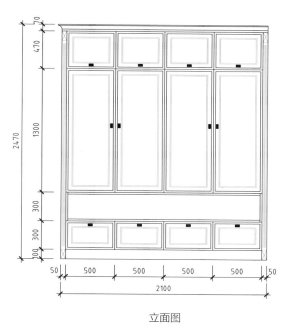

立面图

相关参数

柜体展开面积：13.4 m²
柜体薄背板面积：4.8 m²
门板面积：4 m²
五金：铰链 4 对、拉手 12 个、
　　　气撑 4 个、三节轨 4 对

扫码观赏全景图片

榻榻米

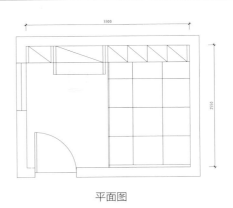

平面图

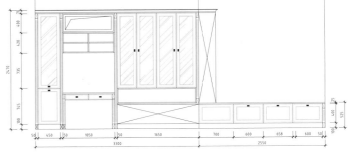

立面图

相关参数

柜体展开面积：28.7 m²
柜体薄背板面积：11.8 m²
门板面积：1.5 m²
玻璃门板面积：3.2 m²
五金：铰链 9 对、气撑 6 个、三节轨 5 对、拉手 11 个

扫码观看全景图片

1.8　新中式风格

不古老的新中式，总是讨传统而不守旧的人喜欢。用大理石做背景，体现刚柔结合的传统文化，色彩明朗，提高整体亮度，在感受韵味的同时，房间也显得温馨舒适。

玄关

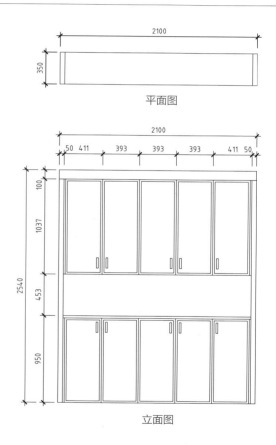

平面图

立面图

相关参数

柜体展开面积：16.9 m²
柜体薄背板面积：5.4 m²
门板面积：3.9 m²
五金：铰链 10 对、拉手 10 个

扫码观看全景图片

客厅

细节剖析

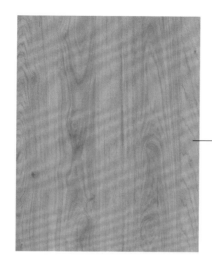

—— 门板造型：
包覆

—— 柜体材质及颜色：
原色胡桃木

—— 门板材质及颜色：
浅胡桃木

相关参数

柜体展开面积：9.5 m²
柜体薄背板面积：2.8 m²
门板面积：2.1 m²
五金：铰链 4 对、三节轨 6 对、拉手 6 个

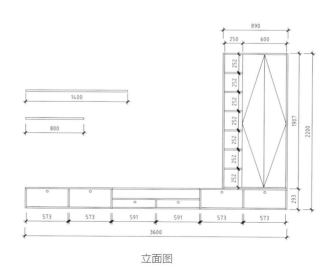

平面图

立面图

扫码观看全景图片

厨房

细节剖析

豪华阻尼碗碟篮（带玻璃）①

阻尼三边碗篮②

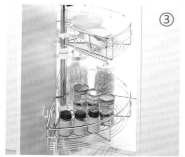

转盘篮③

阻尼调味篮④

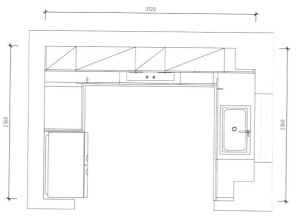

平面图

相关参数

地柜总长：5.6 m
吊柜总长：3.2 m
柜体展开面积：15.2 m²
柜体薄背板面积：8.2 m²
门板面积：5.6 m²
五金：铰链 12 对、台下盆 1 个、三节轨 5 对、拉手 17 个

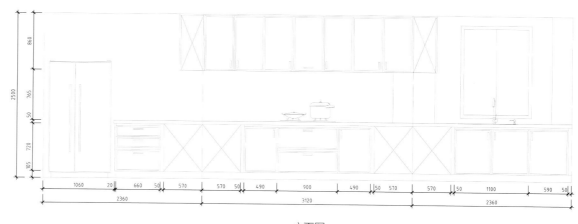

立面图

扫码观看全景图片

餐厅

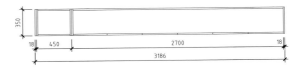

平面图

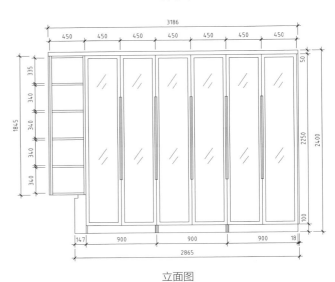

立面图

▌相关参数

柜体展开面积：7.9 m²

柜体薄背板面积：7 m²

玻璃门板：6.2 m²

五金：铰链 12 对、拉手 6 个

扫码观看全景图片

儿童房

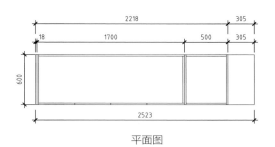

平面图

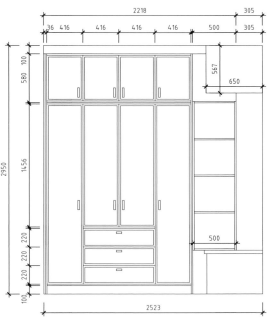

立面图

相关参数

柜体展开面积：19.5 m²
柜体薄背板面积：5.8 m²
门板面积：4.5 m²
五金：铰链 8 对、三节轨 3 对、拉手 11 个

扫码观看全景图片

卧室

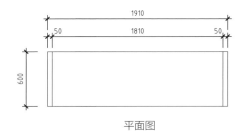

平面图

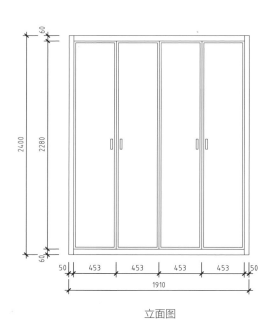

立面图

相关参数

柜体展开面积：16.9 m²
柜体薄背板面积：4.6 m²
门板面积：4.2 m²
五金：铰链 8 对、拉手 4 个

扫码观看全景图片

榻榻米

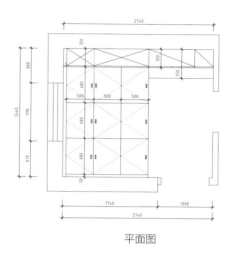

平面图

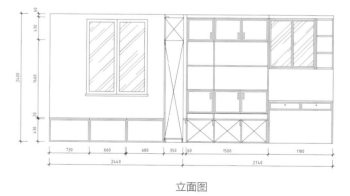

立面图

相关参数

柜体展开面积：19.5 m²
柜体薄背板面积：9.7 m²
门板面积：2.2 m²
玻璃门板面积：0.8 m²
五金：铰链 8 对、三节轨 2 对、拉手 8 个、气撑 9 个

扫码观看全景图片

衣帽间

细节剖析

①

豪华阻尼框实木分类盒

②

豪华阻尼框架实木裤架

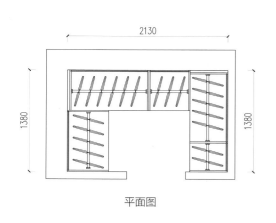

平面图

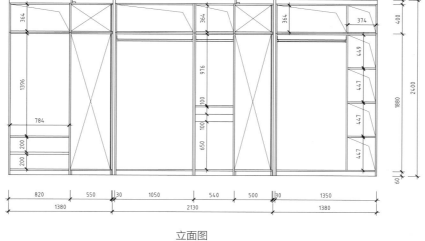

立面图

相关参数

柜体展开面积：21.5 m²
柜体薄背板面积：11.8 m²
五金：挂衣杆 2.5 m

扫码观看全景图片

2

单品方案严选

2.1 橱柜

现代厨房不仅作为备餐的区域，更承担起美观、收纳强、使用方便等需求。如何根据厨房形状和面积设计出既不浪费空间又兼具主人要求的橱柜，成了重中之重，好的橱柜可以让每一次下厨都成为愉悦的享受。

橱柜 1（L形）

细节剖析

高深篮

豪华抽帮滑轨（高度192 mm）

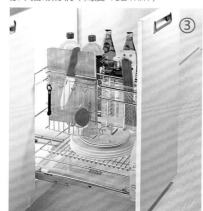

豪华系列调味篮

上翻门气撑

相关参数

地柜总长：6 m
吊柜总长：7.1 m
柜体展开面积：28.4 m²
柜体薄背板面积：11.8 m²
门板面积：6.3 m²
五金：铰链7对、台下盆1个、
　　　气撑8个、三节轨4对、
　　　隐形拉手12.6 m

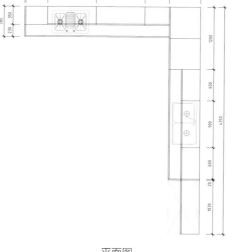

平面图

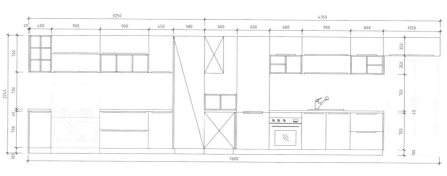

立面图

橱柜 2（L形）

细节剖析

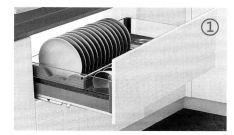

豪华阻尼碗碟篮（带玻璃）

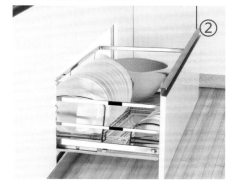

阻尼三边碗篮

豪华阻尼调味篮（带玻璃）

阻尼小怪物（转角联动拉篮）

门板材质：
吸塑

相关参数

地柜总长：4.9 m
吊柜总长：3.5 m
柜体展开面积：18.2 m²
柜体薄背板面积：7.7 m²
门板面积：4.1 m²
玻璃门面积：0.9 m²
顶线：4 m
罗马柱：1.8 m
眉板：0.9 m
五金：铰链 13 对、台下盆 1 个、
三节轨 3 对、拉手 16 个

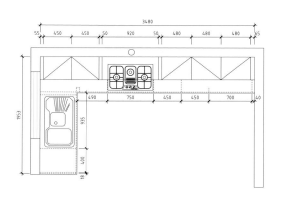

平面图

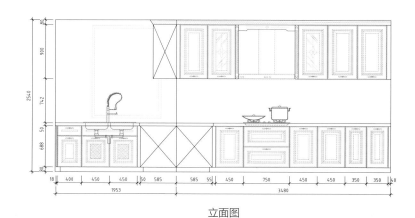

立面图

橱柜 3（L形）

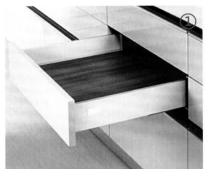

豪华抽帮滑轨（高度 110 mm）

不锈钢米箱

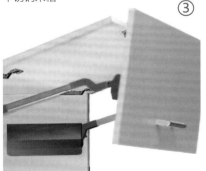

一体式上翻系列

门板材质：
吸塑

门板颜色：
浅蓝

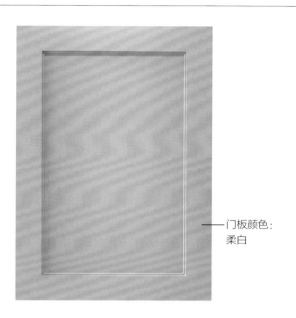

门板颜色：
柔白

相关参数

地柜总长：6.3 m
吊柜总长：4.5 m
柜体展开面积：20.3 m²
柜体薄背板面积：7.2 m²
门板面积：5.2 m²
顶线：4.7 m
五金：铰链 15 对、三节轨 4 对、气撑 2 个、
　　　拉手 21 个、台下盆 1 个

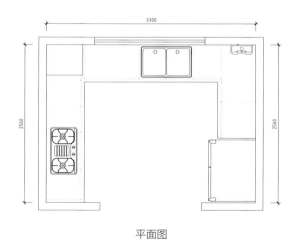

平面图

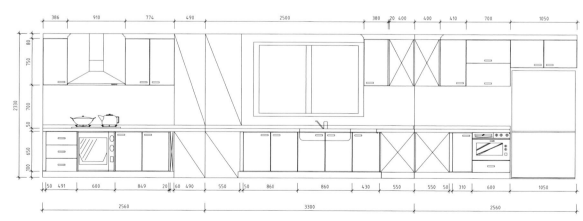

立面图

橱柜 4（L形）

细节剖析

豪华挂件四件套

转角联动拉篮

阻尼调味篮

豪华阻尼碗碟篮（带玻璃）

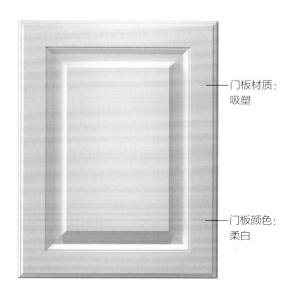

门板材质：
吸塑

门板颜色：
柔白

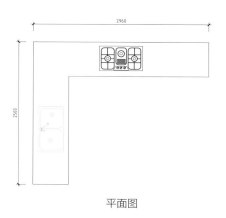

平面图

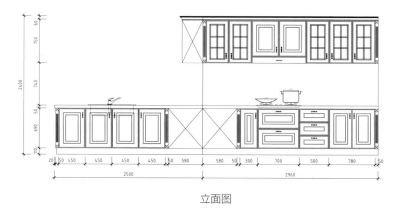

立面图

相关参数

地柜总长：4.9 m

吊柜总长：3 m

柜体展开面积：20.1 m²

柜体薄背板面积：6 m²

门板面积：3.4 m²

玻璃门面积：1.5 m²

顶线：3.4 m

罗马柱：4.3 m

五金：铰链 14 对、台下盆 1 个、
　　　三节轨 5 对、拉手 19 个

橱柜5（L形）

细节剖析

豪华型升降柜

阻尼三边碗篮

阻尼调味篮

阻尼小怪物（转角联动拉篮）

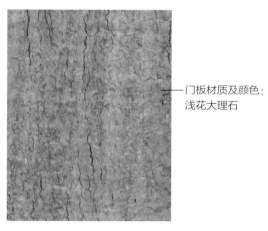

门板材质及颜色：
浅花大理石

门板材质及颜色：
深花大理石

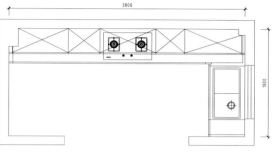

平面图

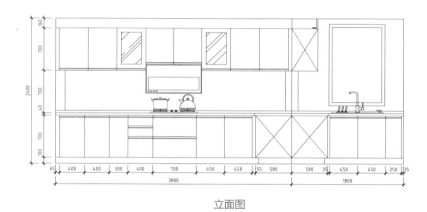

立面图

相关参数

地柜总长：5.1 m
吊柜总长：3.8 m
柜体展开面积：22.3 m²
柜体薄背板面积：8.4 m²
门板面积：4.9 m²
玻璃门面积：0.7 m²
五金：铰链 16 对、台中盆 1 个、三节轨 5 对

橱柜6（L形）

细节剖析

阻尼小怪物（转角联动拉篮）

豪华抽帮滑轨（高度 110 mm）

抽拉式桌板

阻尼调味篮

—— 门板颜色：
珐琅白

—— 门板材质及颜色：
原色核桃木

平面图

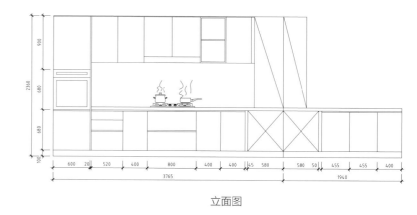

立面图

相关参数

地柜总长：5.2 m
吊柜总长：3.3 m
柜体展开面积：19.6 m²
柜体薄背板面积：7.8 m²
门板面积：5.2 m²
五金：铰链 13 对、台下盆 1 个、三节轨 5 对

橱柜 7（L形）

阻尼小怪物（转角联动拉篮）

豪华型升降柜

门板材质:
吸塑

相关参数

地柜总长: 6.4 m
吊柜总长: 4.5 m
柜体展开面积: 19.3 m²
柜体薄背板面积: 11 m²
门板面积: 6.7 m²
五金: 铰链 15 对、台下盆 1 个、三节轨 5 对、拉手 20 个

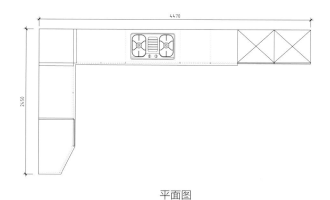

平面图

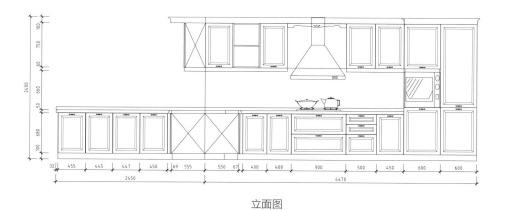

立面图

橱柜 **8**（L形）

不锈钢大怪物（高柜联动拉篮）

三节轨抽屉

阻尼三边碗篮

豪华抽帮滑轨（高度 84 mm）

柜体颜色：
深灰

平面图

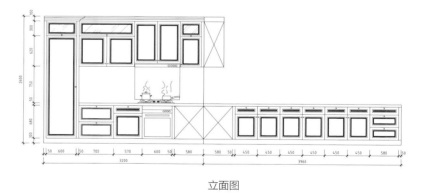

立面图

相关参数

地柜总长：6.6 m
吊柜总长：3.2 m
柜体展开面积：24.6 m²
柜体薄背板面积：8.1 m²
门板面积：6.2 m²
玻璃门面积：0.7 m²
顶线：3.6 m
五金：铰链 14 对、台下盆 1 个、三节轨 12 对、
　　　拉手 28 个、气撑 3 个

橱柜9（U形）

①

飞碟小怪物

②

阻尼三边碗篮

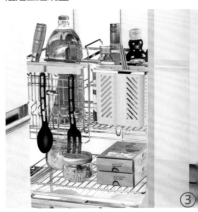

③

阻尼调味篮

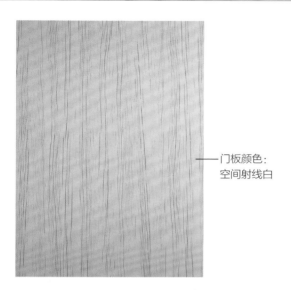

门板颜色：
空间射线白

门板颜色：
空间射线黑

相关参数

地柜总长：6 m
吊柜总长：3.1 m
柜体展开面积：14.3 m²
柜体薄背板面积：7.5 m²
门板面积：5.2 m²
五金：铰链 15 对、台下盆 1 个、三节轨 5 对

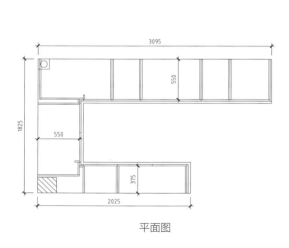

平面图

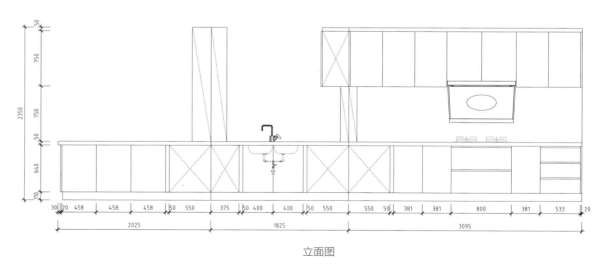

立面图

橱柜 10（U形）

细节剖析

豪华阻尼碗碟篮（带玻璃）

阻尼三边碗篮

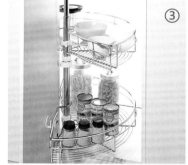

转盘篮

上翻门气压撑

门板颜色：柔白

门板颜色：深灰

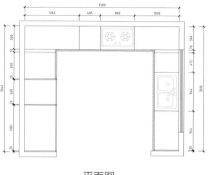

平面图

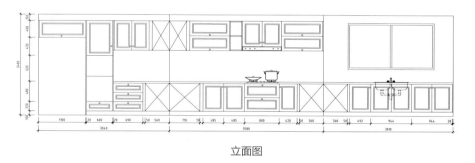

立面图

相关参数

地柜总长：7.4 m
吊柜总长：6.2 m
柜体展开面积：24.3 m²
柜体薄背板面积：9.8 m²
门板面积：7 m²
五金：铰链 13 对、台下盆 1 个、三节轨 6 对、气撑 5 个、拉手 24 个

橱柜 11（U形）

细节剖析

豪华阻尼碗碟篮（带玻璃）

阻尼三边碗篮

阻尼调味篮

三节轨

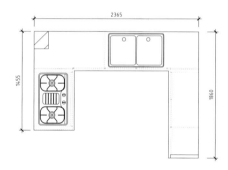

门板颜色：柔白

相关参数

地柜总长：4.6 m
吊柜总长：3.4 m
柜体展开面积：14 m²
柜体薄背板面积：6.9 m²
门板面积：3.9 m²
玻璃门面积：0.66 m²
顶线：3.5 m
罗马柱：6 m
五金：铰链 12 对、台下盆 1 个、三节轨 5 对、拉手 17 个

平面图

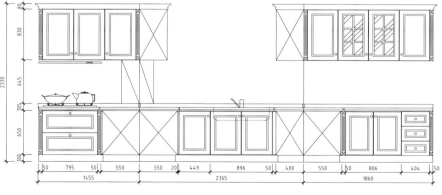

立面图

橱柜 12（U形）

细节剖析

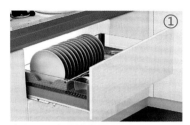

豪华阻尼碗碟篮（带玻璃）

阻尼三边碗篮

阻尼调味篮

豪华抽帮滑轨（高度 110 mm）

相关参数

地柜总长：5.2 m
吊柜总长：4.8 m
柜体展开面积：16 m²
柜体薄背板面积：8.5 m²
门板面积：5 m²
五金：铰链 16 对、台下盆 1 个、三节轨 5 对

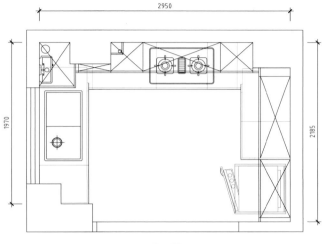

平面图

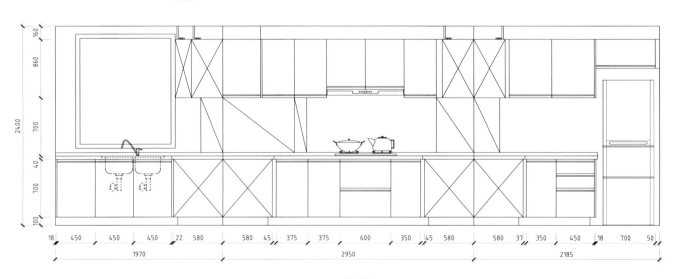

立面图

橱柜 13（U形）

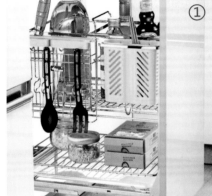

阻尼调味篮

悬挂式红酒杯挂架

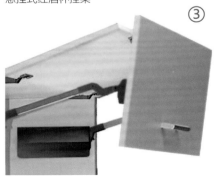

一体式上翻系列

阻尼大怪物（高柜联动拉篮）

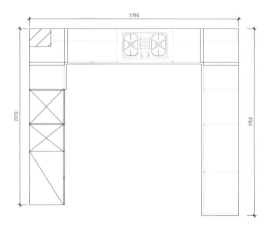

平面图

相关参数

地柜总长：7.5 m
吊柜总长：4 m
柜体展开面积：29.25 m²
柜体薄背板面积：12.7 m²
门板面积：7.3 m²
五金：铰链 12 对、台下盆 1 个、三节轨 5 对、气撑 6 个

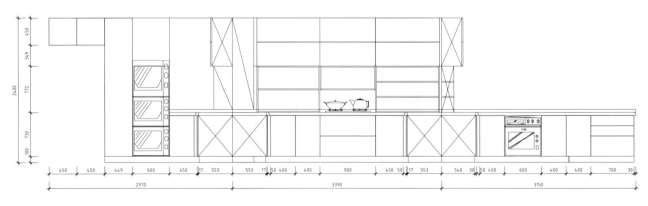

立面图

橱柜 14（U形）

豪华阻尼碗碟篮（带玻璃）

豪华型升降柜

上翻门气撑

门板材质及颜色：白橡木

柜体材质及颜色：深棕橡木

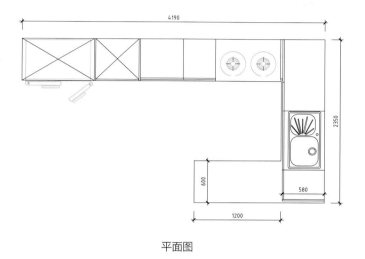

平面图

相关参数

地柜总长：5 m
吊柜总长：4.2 m
柜体展开面积：16.7 m²
柜体薄背板面积：6.3 m²
门板面积 4.6 m²
五金：铰链 12 对、台上盆 1 个、
　　　三节轨 4 对、气撑 1 个

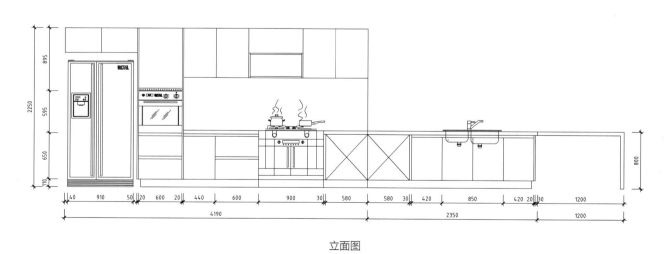

立面图

造型优美的酒柜，更像是一个精美的展示柜，既彰显了主人的品位，又丰富了整体空间的层次感，将品位与情调注入家的每一个角落。

酒柜 1

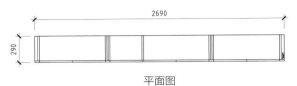

平面图

立面图

▍相关参数

柜体展开面积：8.9 m²
柜体薄背板面积：5.9 m²
门板面积：1.9 m²
玻璃门面积：1.5 m²
五金：铰链 11 对

酒柜 2

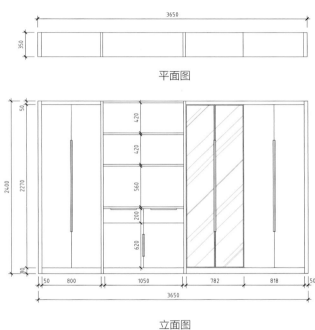

平面图

立面图

相关参数

柜体展开面积：18.1 m²
柜体薄背板面积：8.8 m²
门板面积：4.5 m²
玻璃门面积：1.7 m²
五金：铰链 14 对、三节轨 2 对

酒柜 3

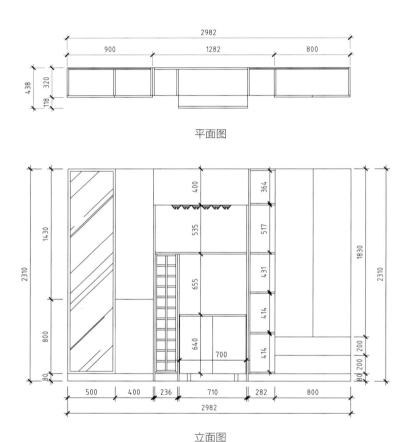

平面图

立面图

▌ 相关参数

柜体展开面积：11.4 m²

柜体薄背板面积：6.9 m²

门板面积：3.6 m²

玻璃门面积：1.2 m²

五金：铰链 8 对、三节轨 2 对、气撑 2 个、万向轮 2 个、反弹器 7 个

酒柜 4

3658

350

平面图

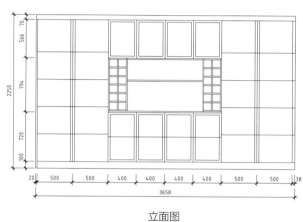

立面图

相关参数

柜体展开面积：13.8 m²
柜体薄背板面积：8.3 m²
门板面积：4.2 m²
玻璃门面积：2.1 m²
五金：铰链 14 对、隐形拉手 8.4 m

酒柜 5

3300

平面图

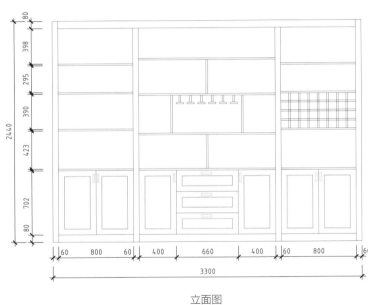

立面图

80 · 398 · 295 · 390 · 423 · 702 · 80

2440

60 · 800 · 60 · 400 · 660 · 400 · 60 · 800 · 60

3300

▌相关参数

柜体展开面积：23.9 m²

柜体薄背板面积：8.1 m²

门板面积：2.2 m²

五金：铰链 6 对、三节轨 3 对、拉手 9 个

酒柜 6

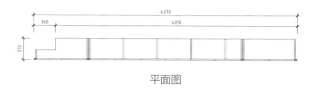

平面图

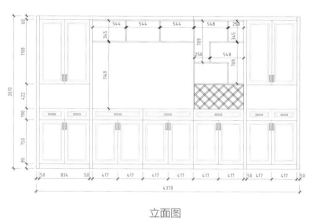

立面图

▍相关参数

柜体展开面积：13.8 m²
柜体薄背板面积：11.2 m²
门板面积：5.8 m²
五金：铰链 14 对、拉手 21 个

榻榻米的引入为空间增添了别致的情调，又赋予空间储物、阅读、休闲、娱乐的多功能体验，小小一方天地却大有作为。

榻榻米 1

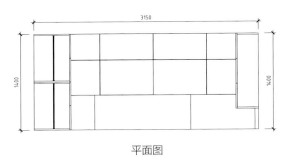

平面图

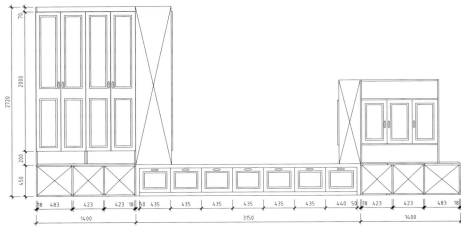

立面图

相关参数

柜体展开面积：26.6 m²
柜体薄背板面积：7.8 m²
门板面积：4.6 m²
五金：铰链 11 对、三节轨 7 对、气撑 8 个、拉手 14 个

榻榻米 2

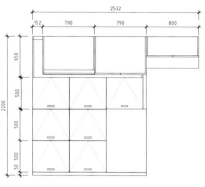

平面图

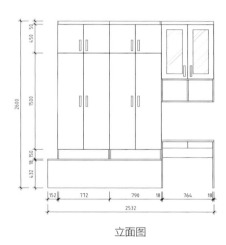

立面图

▍相关参数

柜体展开面积：26.3 m²
柜体薄背板面积：7.9 m²
门板面积：3.2 m²
玻璃门板面积：0.68 m²
五金：铰链 12 对、三节轨 2 对、气撑 7 个、拉手 10 个

榻榻米 3

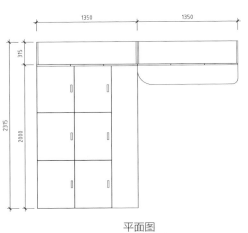

平面图

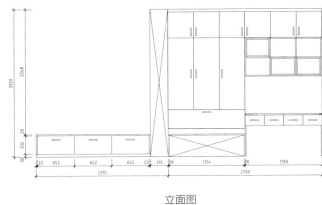

立面图

▌相关参数

柜体展开面积：22.6 m²
柜体薄背板面积：9.2 m²
门板面积：4.8 m²
五金：铰链 11 对、三节轨 7 对、气撑 6 个、拉手 19 个

榻榻米 4

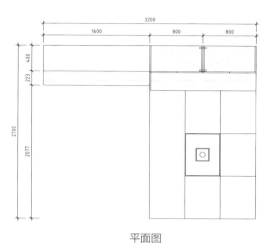

平面图

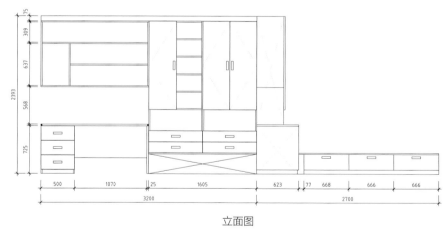

立面图

相关参数

柜体展开面积：25.2 m²
柜体薄背板面积：10.2 m²
门板面积：3.2 m²
五金：铰链 3 对、三节轨 10 对、气撑 5 个、拉手 13 个、升降机 1 个

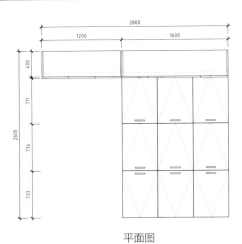

榻榻米 5

平面图

立面图

相关参数

柜体展开面积：24.6 m²
柜体薄背板面积：10.5 m²
门板面积：3.5 m²
五金：铰链 9 对、三节轨 3 对、气撑 11 个、拉手 12 个

榻榻米6

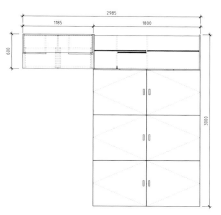

平面图

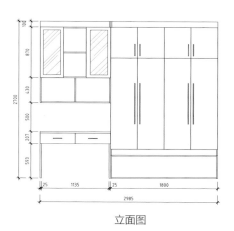

立面图

相关参数

柜体展开面积：25.7 m²
柜体薄背板面积：11.1 m²
门板面积：4 m²
玻璃门板面积：0.7 m²
五金：铰链 12 对、三节轨 2 对、气撑 6 个、拉手 10 个

榻榻米 7

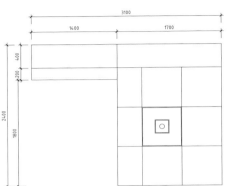

平面图

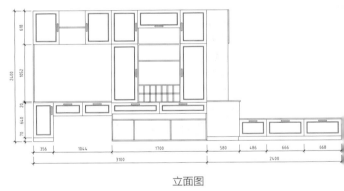

立面图

▌相关参数

柜体展开面积：22.7 m²
柜体薄背板面积：10.9 m²
门板面积：4.1 m²
五金：铰链 7 对、三节轨 7 对、气撑 6 个、拉手 15 个、升降机 1 个

榻榻米 8

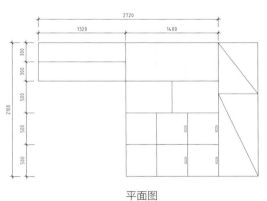

平面图

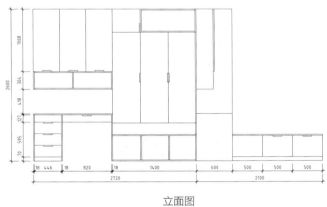

立面图

▌相关参数

柜体展开面积：22.1 m²
柜体薄背板面积：8.1 m²
门板面积：4.7 m²
五金：铰链 9 对、三节轨 7 对、气撑 6 个、拉手 13 个

榻榻米 9

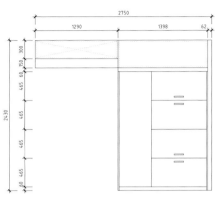

平面图

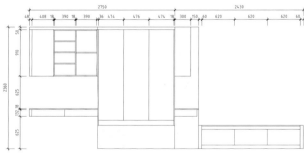

立面图

▌ 相关参数

柜体展开面积：16.6 m²

柜体薄背板面积：7.8 m²

门板面积：4 m²

五金：铰链 7 对、三节轨 5 对、气撑 4 个

榻榻米 10

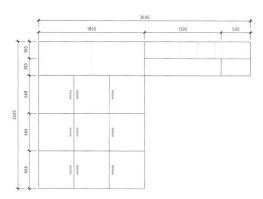

平面图

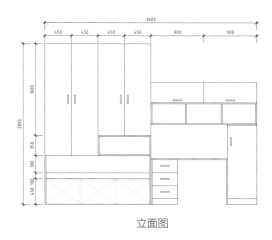

立面图

相关参数

柜体展开面积：26.4 m²
柜体薄背板面积：11.1 m²
门板面积：4.8 m²
五金：铰链 8 对、三节轨 3 对、气撑 11 个、拉手 10 个

为了方便进出房间时换鞋、挂衣、放包，鞋柜通常设计在玄关处，整体风格与全屋一致。作为客人开门便看到、感觉到的第一件家具，它的颜值与实用性缺一不可。

鞋柜 1

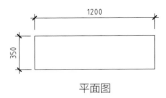

平面图

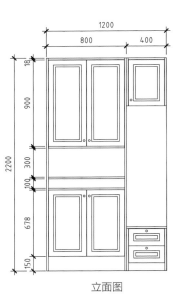

立面图

▌相关参数

柜体展开面积：7.1 m²
柜体薄背板面积：2.7 m²
门板面积：1.5 m²
五金：铰链 5 对、三节轨 2 对、拉手 7 个

鞋柜 2

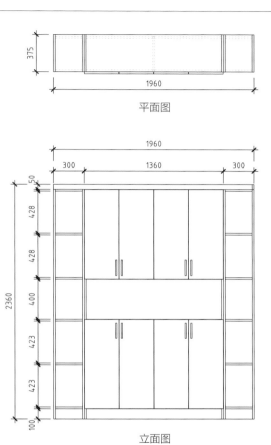

平面图

立面图

▍相关参数

柜体展开面积：10.2 m²
柜体薄背板面积：4.7 m²
门板面积：2.5 m²
五金：铰链 8 对、拉手 8 个

鞋柜 3

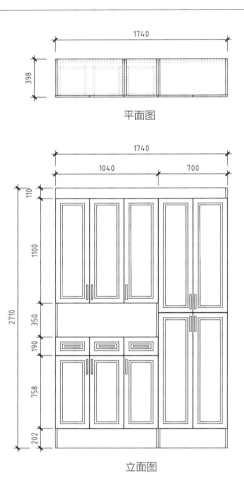

平面图

立面图

相关参数

柜体展开面积：13 m²
柜体薄背板面积：4.8 m²
门板面积：3.8 m²
五金：铰链 10 对、三节轨 3 对、拉手 13 个

鞋柜 4

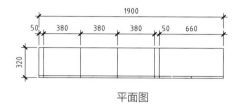

平面图

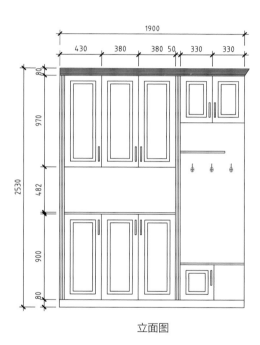

立面图

相关参数

柜体展开面积：7.2 m²
柜体薄背板面积：4.7 m²
门板面积：2.6 m²
五金：铰链 9 对、拉手 9 个

鞋柜 5

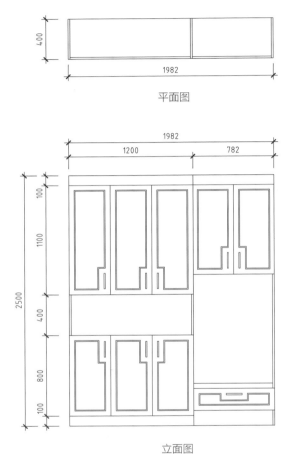

400

1982

平面图

1982

1200   782

100

1100

2500

400

800

100

立面图

▌相关参数

柜体展开面积：8 m²
柜体薄背板面积：5 m²
门板面积：3.2 m²
五金：铰链 8 对、三节轨 1 对、拉手 9 个

鞋柜 6

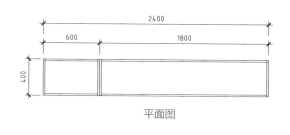

平面图

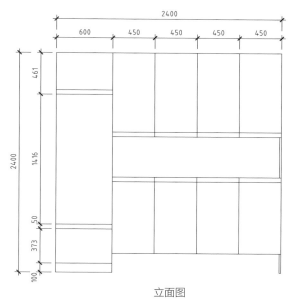

立面图

相关参数

柜体展开面积：9.5 m²
柜体薄背板面积：5.4 m²
门板面积：3.7 m²
五金：铰链 8 对、三节轨 1 对、气撑 1 个

鞋柜 7

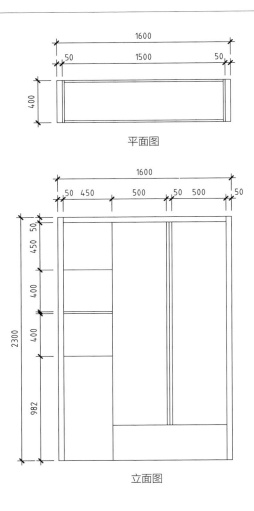

平面图

立面图

■ 相关参数

柜体展开面积：6.8 m²
柜体薄背板面积：3.5 m²
门板面积：2.7 m²
五金：铰链 5 对、气撑 1 个

鞋柜 8

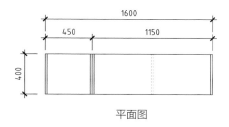

平面图

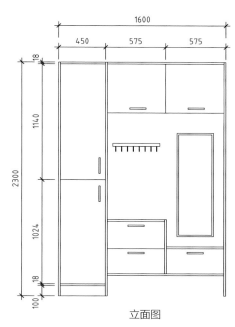

立面图

▌相关参数

柜体展开面积：6.9 m²
柜体薄背板面积：3.7 m²
门板面积：1.9 m²
五金：铰链 3 对、三节轨 3 对、气撑 2 个、拉手 7 个

衣帽间的出现是主人生活品质和品位的体现，有藏有露、收纳合理的布局方便主人快速找到合适的衣物，使一天的心情因得体的穿搭而愉悦。

衣帽间 1

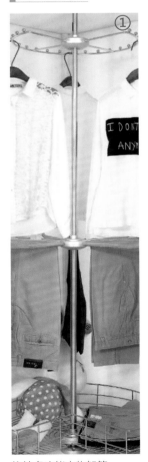

细节剖析

旋转多功能衣物架篮

②

豪华阻尼框实木分类盒

③

豪华阻尼框架实木裤架

④

百宝盒

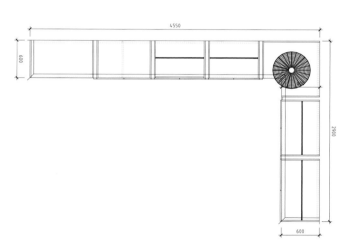

平面图

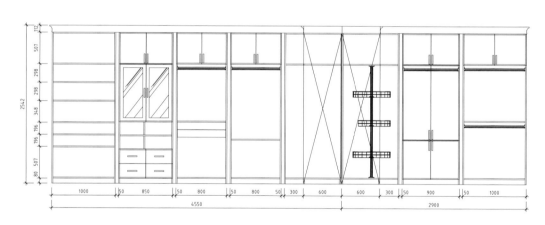

立面图

相关参数

柜体展开面积：54 m²

柜体薄背板面积：18.2 m²

门板面积：4.5 m²

五金：铰链 16 对、三节轨 4 对、拉手 20 个

衣帽间 2

细节剖析

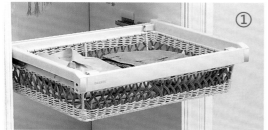

豪华阻尼框架藤篮

豪华顶装挂衣架

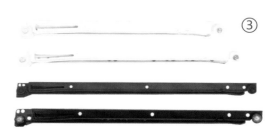

托底滑道

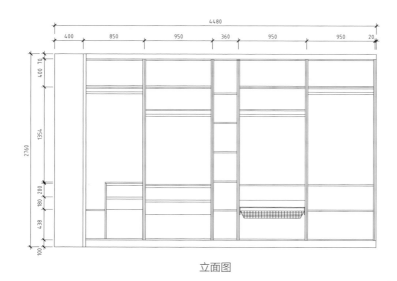

平开门衣镜

平面图

立面图

相关参数

柜体投影面积：12.4 m²
柜体展开面积：28.9 m²
柜体薄背板面积：12 m²
门板面积：4.6 m²
玻璃门面积：5 m²
五金：铰链 16 对、三节轨 5 对、挂衣杆 3.7 m

衣帽间 3

衣帽间重型轨道

豪华阻尼框实木分类盒

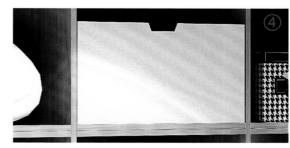

豪华阻尼框架实木裤架

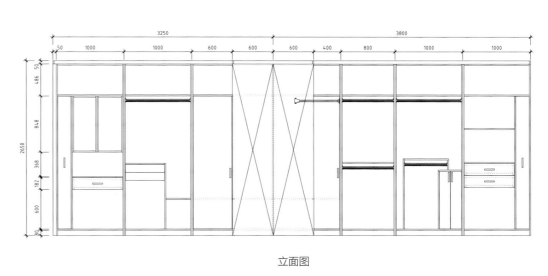

顶柜盒

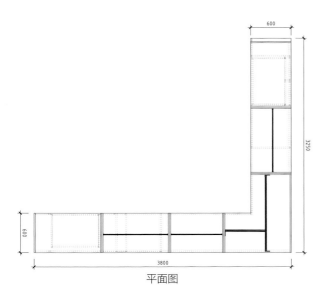

平面图

立面图

相关参数

柜体展开面积：43.5 m²

柜体薄背板面积：18.8 m²

门板面积：3.6 m²

五金：铰链 4 对、三节轨 3 对、拉手 9 个

衣帽间 4

细节剖析

豪华阻尼框实木分类盒

推拉西裤架

升降式挂衣器

相关参数

柜体展开面积：38.2 m²

柜体薄背板面积：18 m²

门板面积：1.3 m²

玻璃门板面积：1 m²

五金：铰链 2 对、三节轨 11 对、拉手 13 个

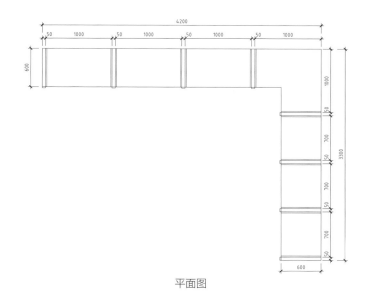

平面图

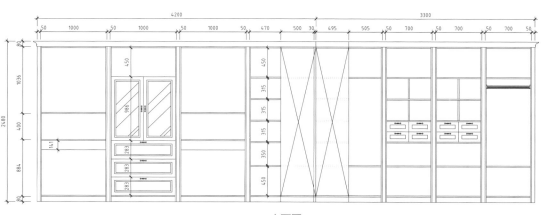

立面图

衣帽间 5

细节剖析

① 豪华阻尼框架实木裤架

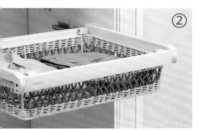

② 豪华阻尼框架藤篮

升降式挂衣架

旋转多功能衣物架篮

④

相关参数

柜体展开面积：41.6 m²
柜体薄背板面积：18.5 m²
门板面积：1 m²
玻璃门板面积：2.1 m²
五金：铰链 4 对、三节轨 9 对、拉手 13 个

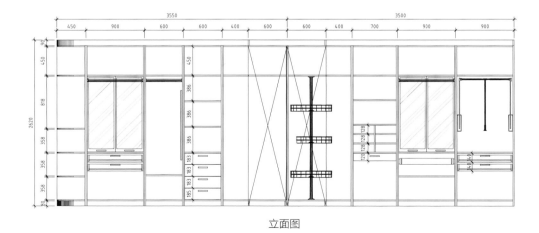

平面图

立面图

衣帽间 6

细节剖析

豪华顶装挂衣架

推拉西裤架

升降式挂衣器

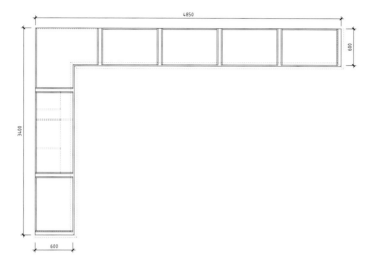

平面图

相关参数

柜体展开面积：87.4 m²

柜体薄背板面积：22.3 m²

门板面积：4.7 m²

玻璃门板面积：3.6 m²

五金：铰链 20 对、三节轨 10 对、
拉手 27 个

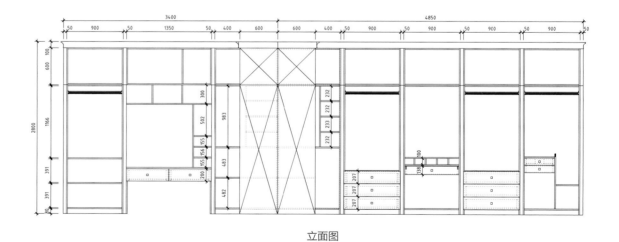

立面图

衣帽间 7

细节剖析

J形收纳桶

升降式挂衣器

衣帽间重型轨道

相关参数

柜体展开面积：36.2 m²
柜体薄背板面积：13 m²
门板面积：2.1 m²
玻璃门板面积：2.2 m²
五金：铰链 7 对、三节轨 8 对

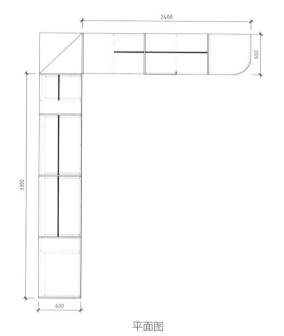

平面图

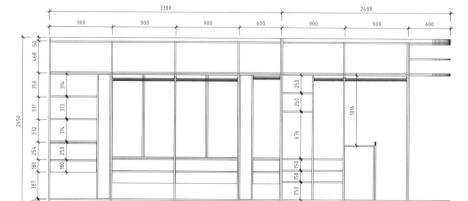

立面图

2.6 衣柜

无论大小，衣柜都是一个家庭不可或缺的。设计合理的衣柜，可以形成大容量的储物空间，材料、款式、颜色的不同又可以呈现出百变的造型，既满足了不同家庭成员的收纳需求，又可以为空间增色。

衣柜 1（1400 mm）

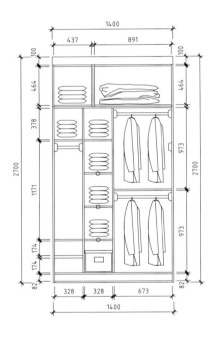

立面图

相关参数

柜体投影面积：3.78 m²
柜体展开面积：12.5 m²
柜体薄背板面积：3.78 m²
门板面积：0.9 m²
五金：铰链 3 对、三节轨 2 对、拉手 5 个

其他内立面设计图

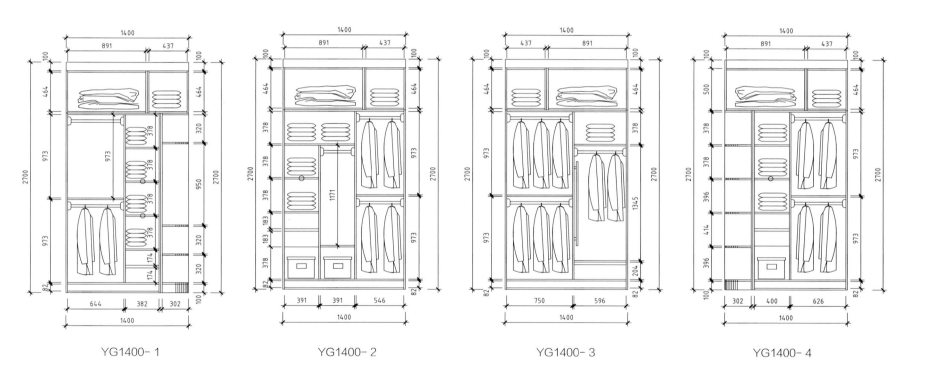

YG1400- 1   YG1400- 2   YG1400- 3   YG1400- 4

衣柜 2（1600 mm）

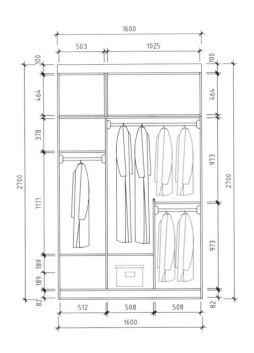

相关参数

柜体投影面积：4.32 m²
柜体展开面积：9.7 m²
柜体薄背板面积：4.32 m²
门板面积：0.8 m²
五金：铰链 3 对、拉手 3 个

其他内立面设计图

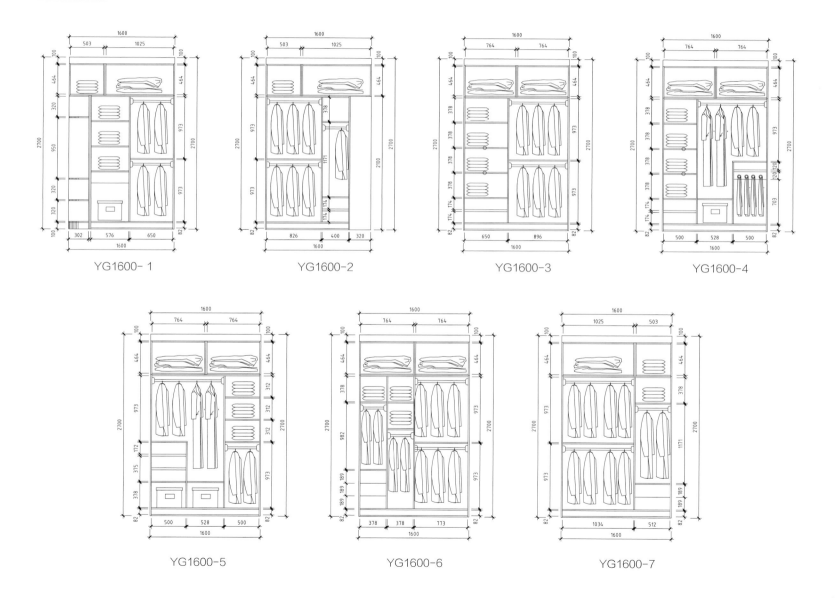

YG1600-1 YG1600-2 YG1600-3 YG1600-4

YG1600-5 YG1600-6 YG1600-7

衣柜 3（1800 mm）

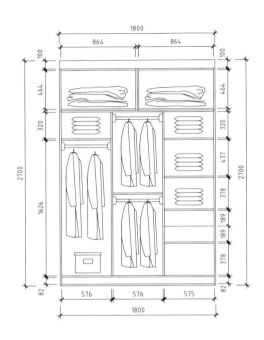

相关参数

柜体投影面积：4.86 m²

柜体展开面积：11.3 m²

柜体薄背板面积：4.86 m²

门板面积：1.2 m²

五金：铰链 4 对、三节轨 2 对、拉手 6 个

其他内立面设计图

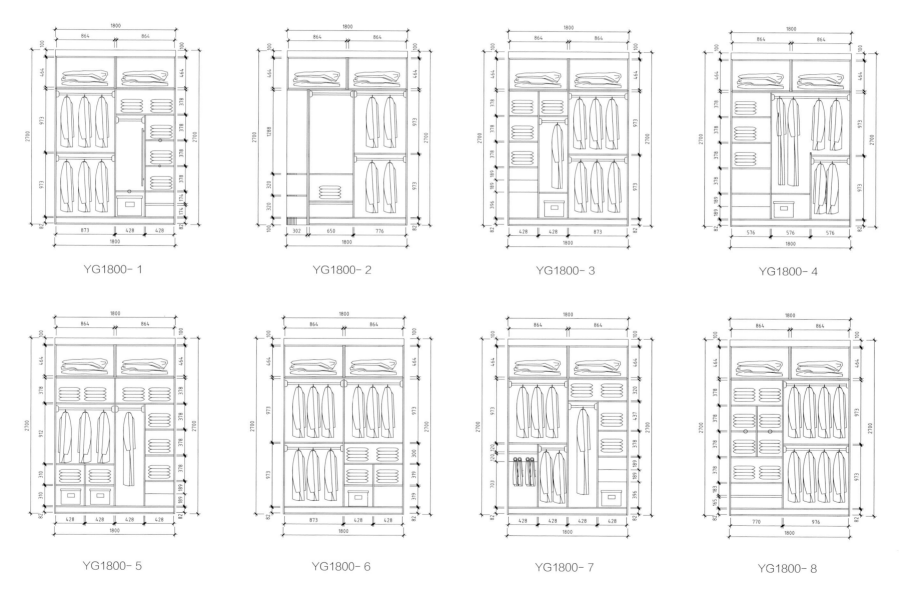

YG1800- 1 YG1800- 2 YG1800- 3 YG1800- 4

YG1800- 5 YG1800- 6 YG1800- 7 YG1800- 8

衣柜 4（1900 mm）

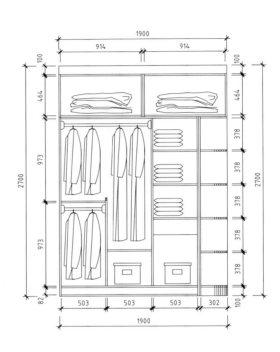

相关参数

柜体投影面积：5.13 m²
柜体展开面积：13.8 m²
柜体薄背板面积：5.13 m²
门板面积：1.1 m²
五金：铰链 4 对、三节轨 1 对、拉手 5 个

其他内立面设计图

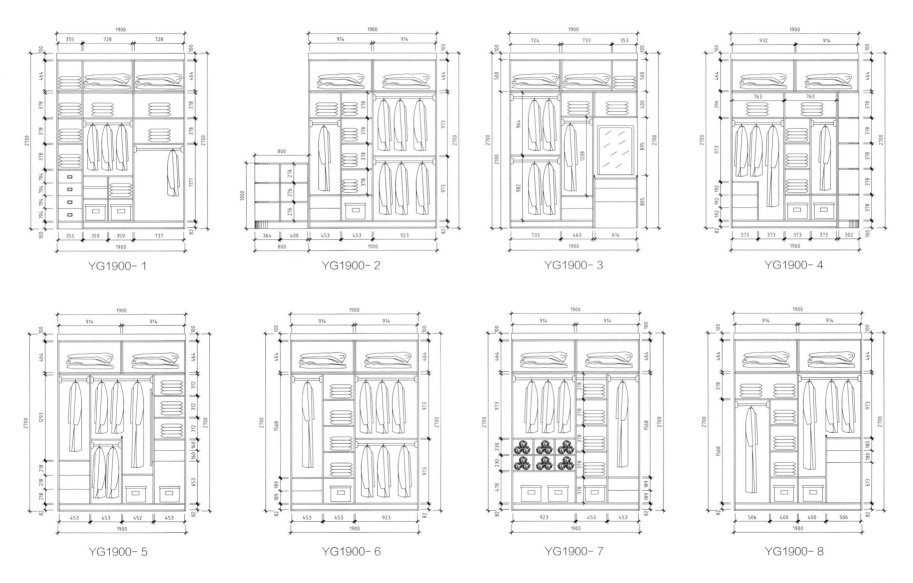

YG1900- 1　　　　　YG1900- 2　　　　　YG1900- 3　　　　　YG1900- 4

YG1900- 5　　　　　YG1900- 6　　　　　YG1900- 7　　　　　YG1900- 8

衣柜 5 （2000 mm）

立面图

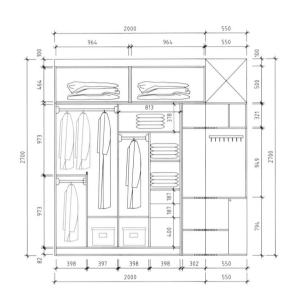

相关参数

柜体投影面积：5.4 m²
柜体展开面积：14.6 m²
柜体薄背板面积：5.4 m²
门板面积：1.4 m²
五金：铰链 5 对、三节轨 2 对、拉手 7 个

其他内立面设计图

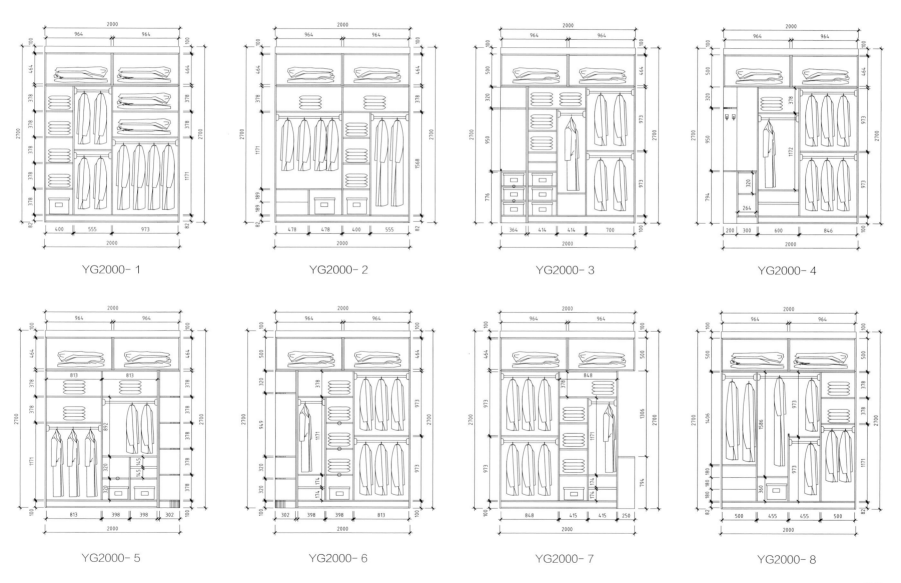

YG2000- 1　　　　　YG2000- 2　　　　　YG2000- 3　　　　　YG2000- 4

YG2000- 5　　　　　YG2000- 6　　　　　YG2000- 7　　　　　YG2000- 8

衣柜 6（2100 mm）

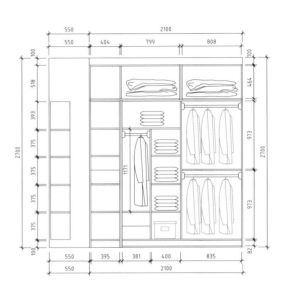

相关参数

柜体投影面积：5.67 m²
柜体展开面积：16.7 m²
柜体薄背板面积：5.67 m²
门板面积：1.4 m²
五金：铰链 5 对、三节轨 4 对、拉手 9 个

其他内立面设计图

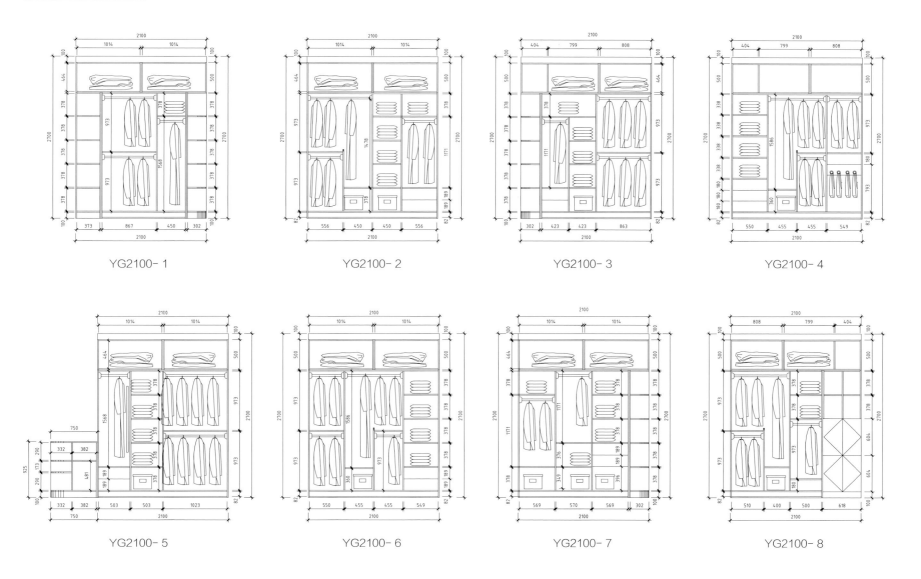

YG2100- 1

YG2100- 2

YG2100- 3

YG2100- 4

YG2100- 5

YG2100- 6

YG2100- 7

YG2100- 8

衣柜 7 （2200 mm）

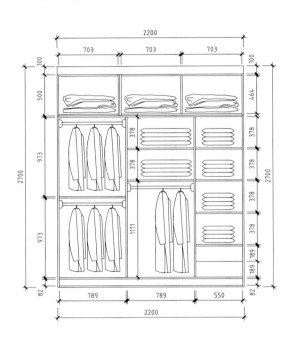

相关参数

柜体投影面积：5.94 m²
柜体展开面积：13.1 m²
柜体薄背板面积：5.94 m²
门板面积：0.2 m²
五金：三节轨 2 对、拉手 2 个

其他内立面设计图

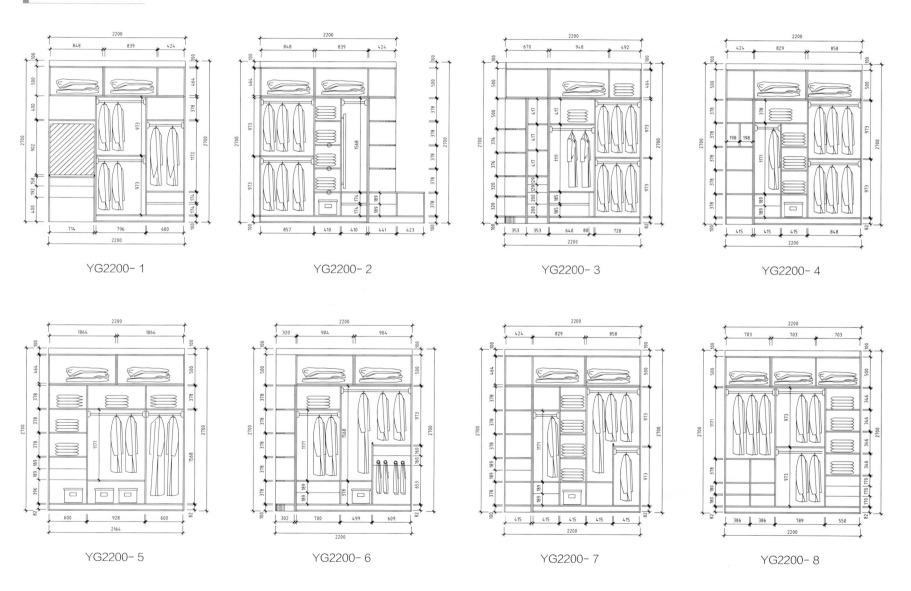

YG2200-1   YG2200-2   YG2200-3   YG2200-4

YG2200-5   YG2200-6   YG2200-7   YG2200-8

衣柜 8（2400 mm）

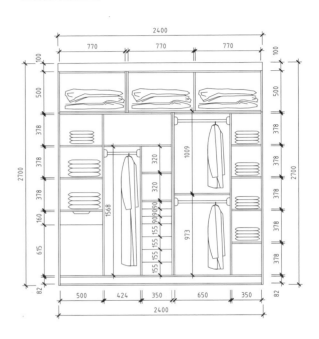

相关参数

柜体投影面积：6.48 m²
柜体展开面积：17.2 m²
柜体薄背板面积：6.48 m²
门板面积：0.4 m²
五金：三节轨 5 对、拉手 5 个

其他内立面设计图

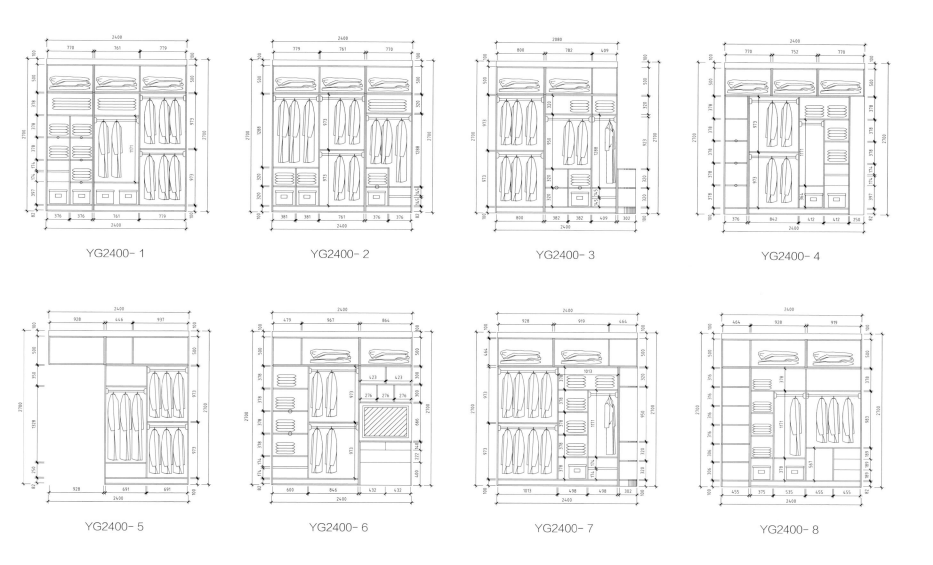

YG2400-1　　YG2400-2　　YG2400-3　　YG2400-4

YG2400-5　　YG2400-6　　YG2400-7　　YG2400-8

衣柜 9（2600 mm）

立面图

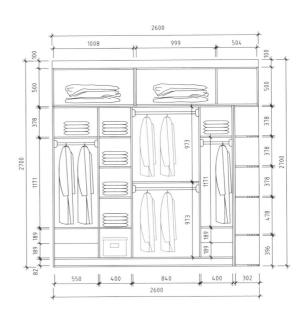

相关参数

柜体投影面积：7.02 m²
柜体展开面积：17.4 m²
柜体薄背板面积：7.02 m²
门板面积：1.7 m²
五金：铰链 5 对、三节轨 4 对、拉手 9 个

其他内立面设计图

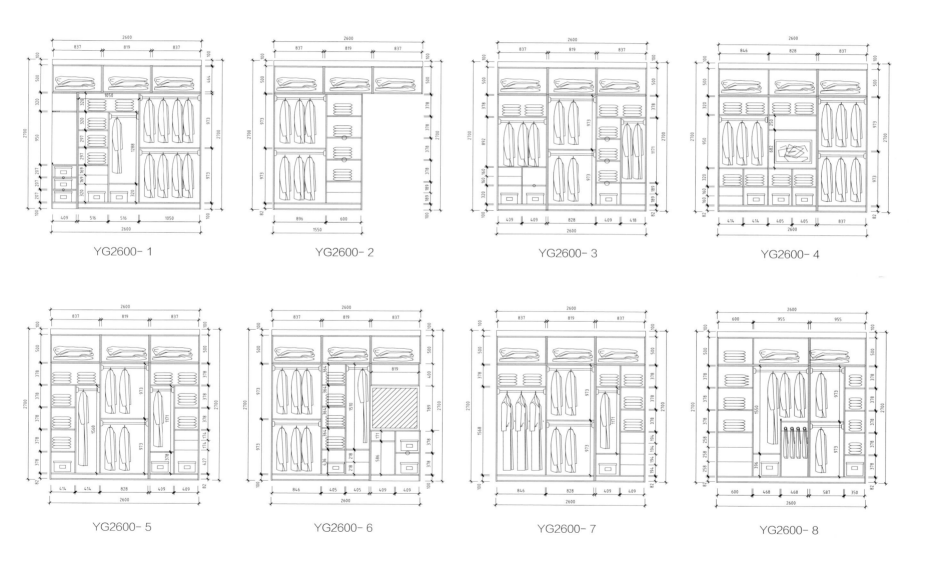

YG2600-1 YG2600-2 YG2600-3 YG2600-4

YG2600-5 YG2600-6 YG2600-7 YG2600-8

衣柜 10（2800 mm）

立面图

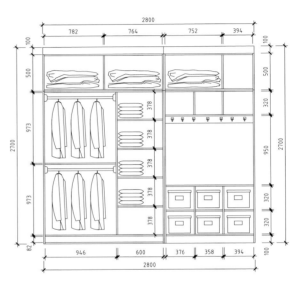

相关参数

柜体投影面积：7.56 m²
柜体展开面积：17.2 m²
柜体薄背板面积：7.56 m²
门板面积：1.4 m²
五金：铰链 7 对、拉手 7 个

其他内立面设计图

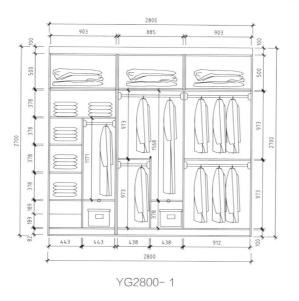

YG2800- 1

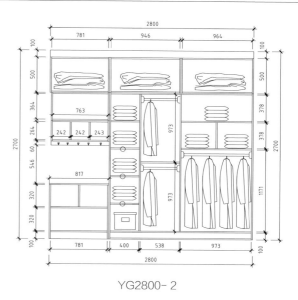

YG2800- 2

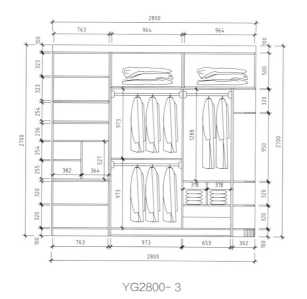

YG2800- 3

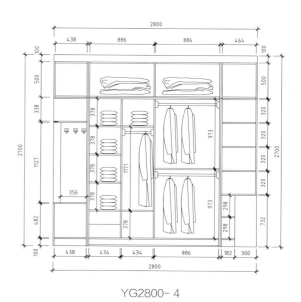

YG2800- 4

3

单品元素参考

3.1　柜体饰面展示

不同材质和颜色带给人的感觉是不同的，木质柔和、石材高冷，浅色温馨、深色庄重，每一种选择都是主人气质的呈现。

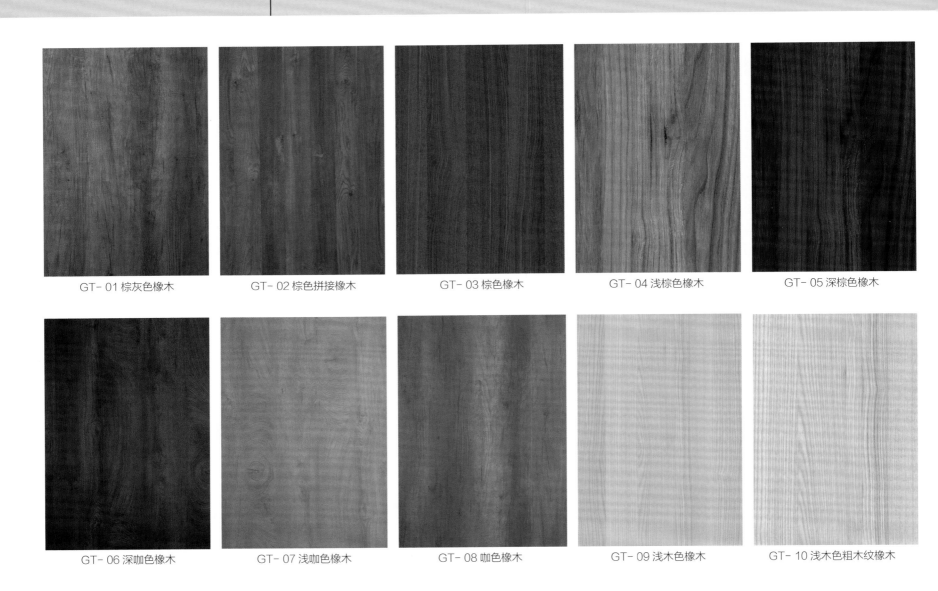

GT- 01 棕灰色橡木　　GT- 02 棕色拼接橡木　　GT- 03 棕色橡木　　GT- 04 浅棕色橡木　　GT- 05 深棕色橡木

GT- 06 深咖色橡木　　GT- 07 浅咖色橡木　　GT- 08 咖色橡木　　GT- 09 浅木色橡木　　GT- 10 浅木色粗木纹橡木

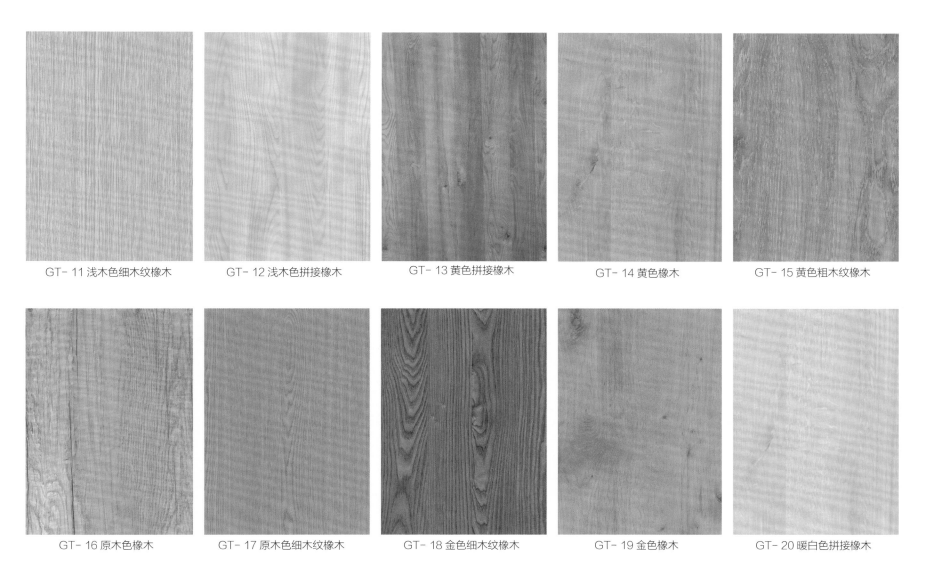

GT- 11 浅木色细木纹橡木　　GT- 12 浅木色拼接橡木　　GT- 13 黄色拼接橡木　　GT- 14 黄色橡木　　GT- 15 黄色粗木纹橡木

GT- 16 原木色橡木　　GT- 17 原木色细木纹橡木　　GT- 18 金色细木纹橡木　　GT- 19 金色橡木　　GT- 20 暖白色拼接橡木

GT- 21 暖白色细木纹橡木

GT- 22 白色橡木

GT- 23 冷白色橡木

GT- 24 绿色橡木

GT- 25 黑色橡木

GT- 26 烟熏灰黑橡木

GT- 27 灰色橡木

GT- 28 深木色直线纹胡桃木

GT- 29 原木色水滴纹胡桃木

GT- 30 原木色水波纹胡桃木

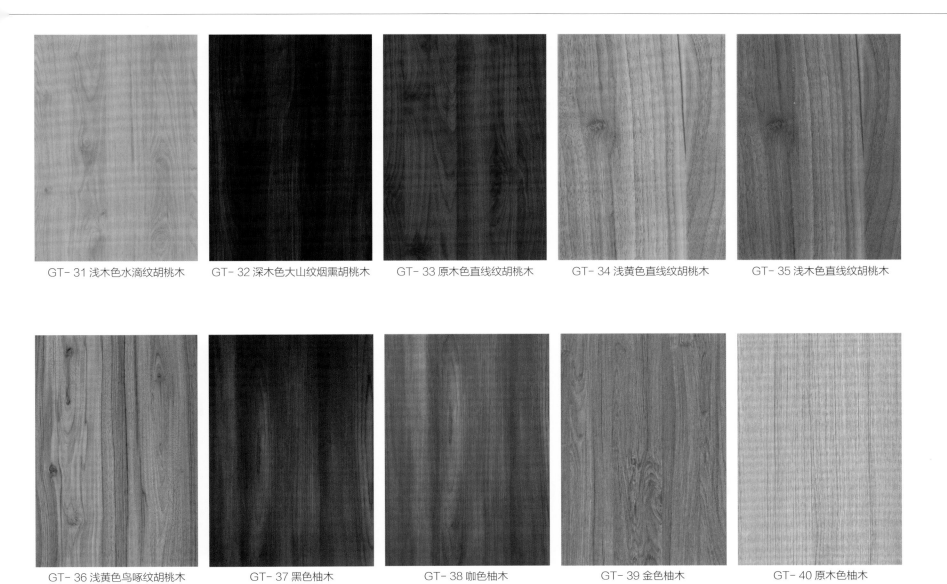

GT- 31 浅木色水滴纹胡桃木　　GT- 32 深木色大山纹烟熏胡桃木　　GT- 33 原木色直线纹胡桃木　　GT- 34 浅黄色直线纹胡桃木　　GT- 35 浅木色直线纹胡桃木

GT- 36 浅黄色鸟啄纹胡桃木　　GT- 37 黑色柚木　　GT- 38 咖色柚木　　GT- 39 金色柚木　　GT- 40 原木色柚木

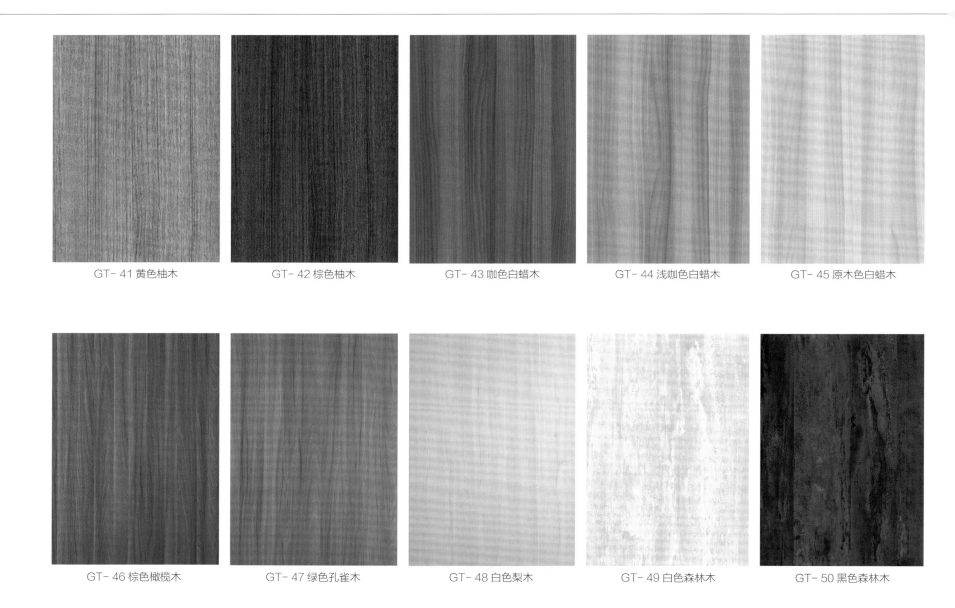

GT- 41 黄色柚木　　GT- 42 棕色柚木　　GT- 43 咖色白蜡木　　GT- 44 浅咖色白蜡木　　GT- 45 原木色白蜡木

GT- 46 棕色橄榄木　　GT- 47 绿色孔雀木　　GT- 48 白色梨木　　GT- 49 白色森林木　　GT- 50 黑色森林木

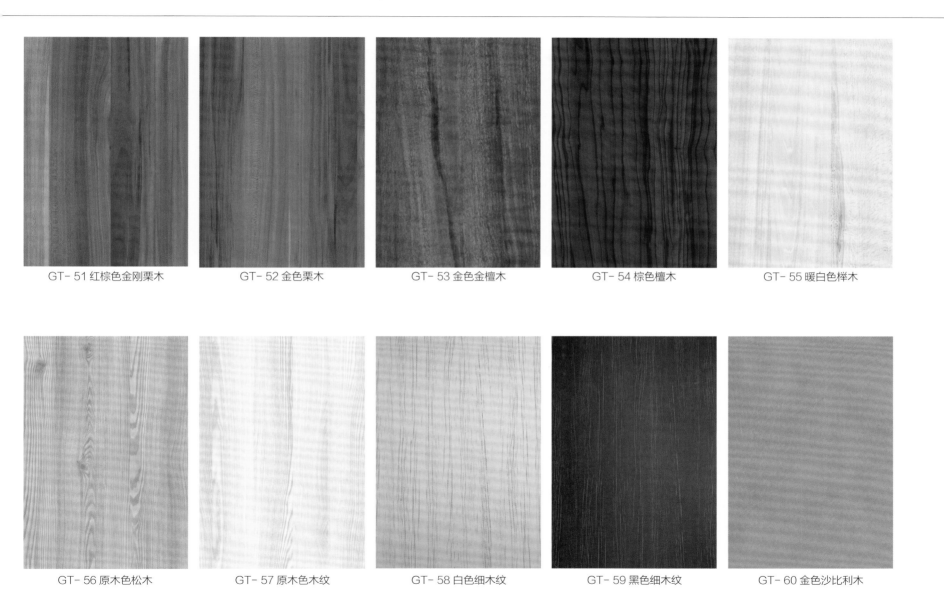

GT- 51 红棕色金刚栗木　　GT- 52 金色栗木　　GT- 53 金色金檀木　　GT- 54 棕色檀木　　GT- 55 暖白色榉木

GT- 56 原木色松木　　GT- 57 原木色木纹　　GT- 58 白色细木纹　　GT- 59 黑色细木纹　　GT- 60 金色沙比利木

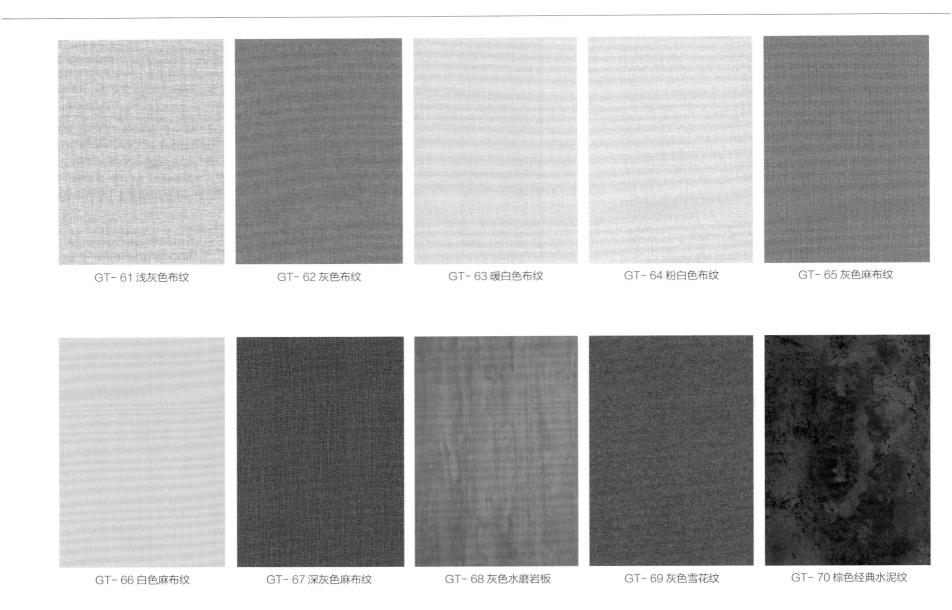

GT-61 浅灰色布纹

GT-62 灰色布纹

GT-63 暖白色布纹

GT-64 粉白色布纹

GT-65 灰色麻布纹

GT-66 白色麻布纹

GT-67 深灰色麻布纹

GT-68 灰色水磨岩板

GT-69 灰色雪花纹

GT-70 棕色经典水泥纹

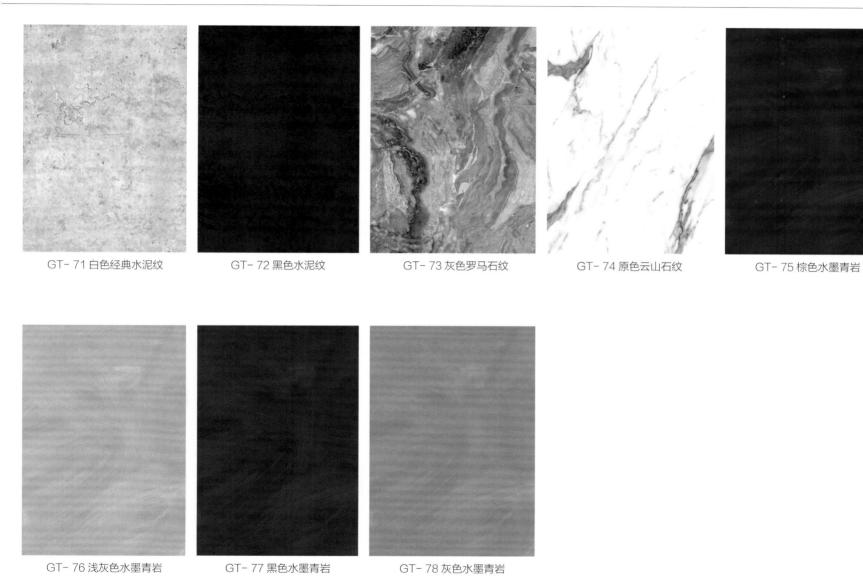

GT- 71 白色经典水泥纹　　GT- 72 黑色水泥纹　　GT- 73 灰色罗马石纹　　GT- 74 原色云山石纹　　GT- 75 棕色水墨青岩

GT- 76 浅灰色水墨青岩　　GT- 77 黑色水墨青岩　　GT- 78 灰色水墨青岩

涤纶树脂饰面颜色展示

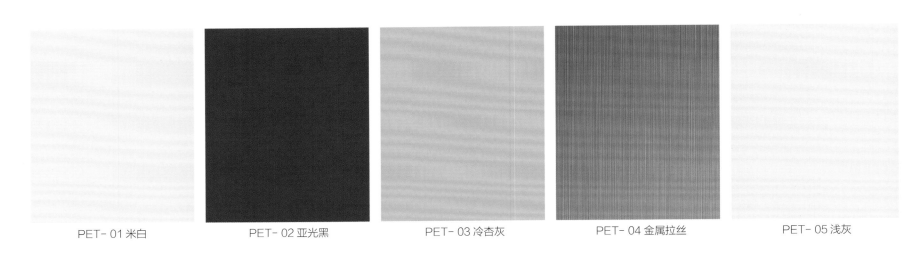

PET- 01 米白   PET- 02 亚光黑   PET- 03 冷杏灰   PET- 04 金属拉丝   PET- 05 浅灰

PET- 06 暖棕黑

PET- 07 浅咖啡   PET- 08 灰木纹

PET- 09 孔雀绿

PET- 10 拉丝木纹

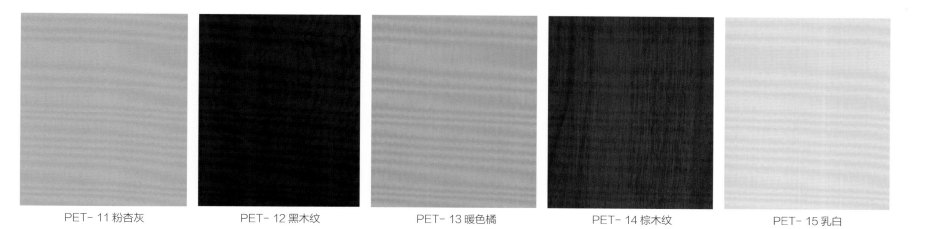

PET- 11 粉杏灰　　　　　PET- 12 黑木纹　　　　　PET- 13 暖色橘　　　　　PET- 14 棕木纹　　　　　PET- 15 乳白

PET- 16 白木纹

吸塑门板饰面展示

XS- 01　　　　XS- 02　　　　XS- 03　　　　XS- 04

XS- 05　　　　XS- 06　　　　XS- 07　　　　XS- 08

XS- 09

XS- 10

XS- 11

XS- 12

XS- 13

XS- 14

XS- 15

XS- 16

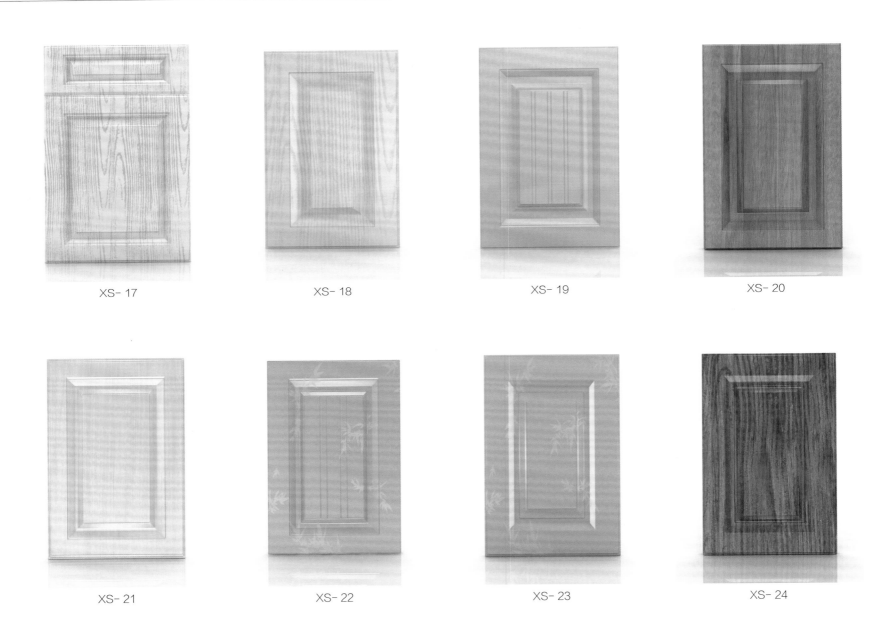

XS- 17

XS- 18

XS- 19

XS- 20

XS- 21

XS- 22

XS- 23

XS- 24

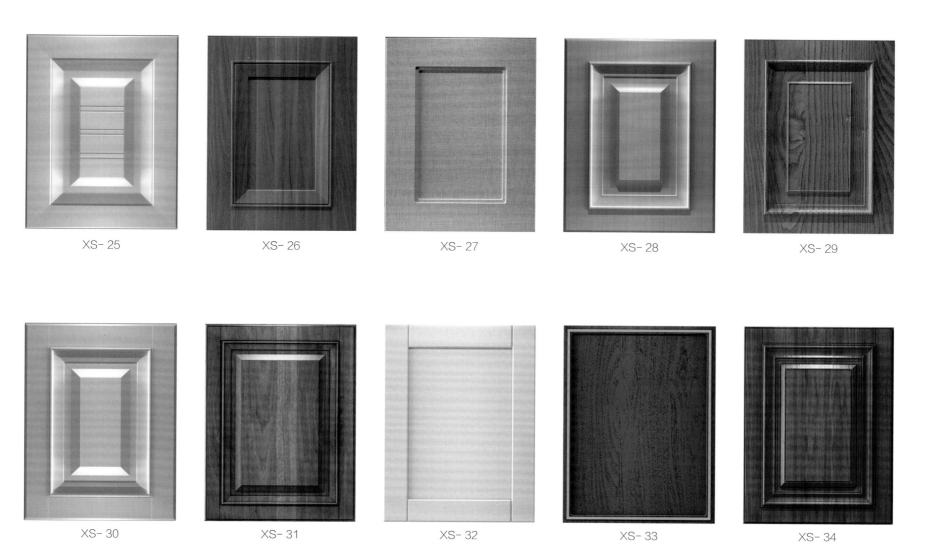

XS- 25 XS- 26 XS- 27 XS- 28 XS- 29

XS- 30 XS- 31 XS- 32 XS- 33 XS- 34

包覆门板饰面展示

BF- 01   BF- 02   BF- 03   BF- 04

BF- 05   BF- 06   BF- 07   BF- 08

金属条门板饰面展示

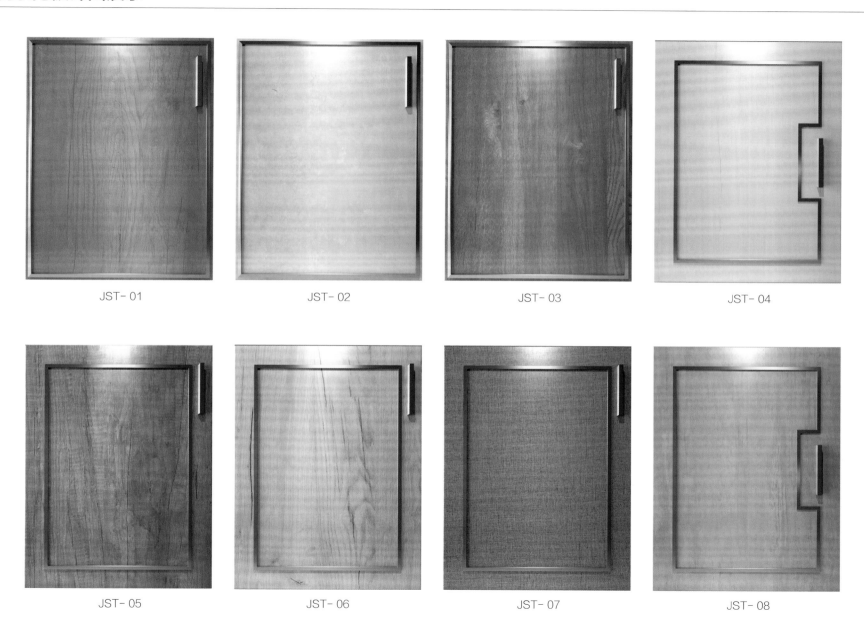

JST- 01

JST- 02

JST- 03

JST- 04

JST- 05

JST- 06

JST- 07

JST- 08

烤漆门板饰面展示

KQ- 01	KQ- 02	KQ- 03	KQ- 04	KQ- 05
KQ- 06	KQ- 07	KQ- 08	KQ- 09	KQ- 10

柜子的拉手如美人的首饰，可以变化多端、风情万种，又要讲究整体的协调与搭配。拉手不同，整个柜子的气质都会不同，如何选择合适的拉手是不容忽视的一环。

通体拉手展示

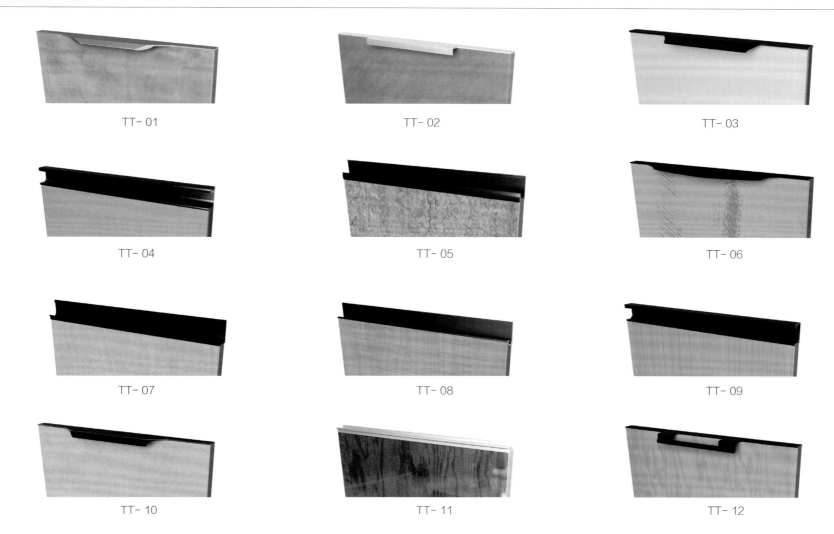

TT-01

TT-02

TT-03

TT-04

TT-05

TT-06

TT-07

TT-08

TT-09

TT-10

TT-11

TT-12

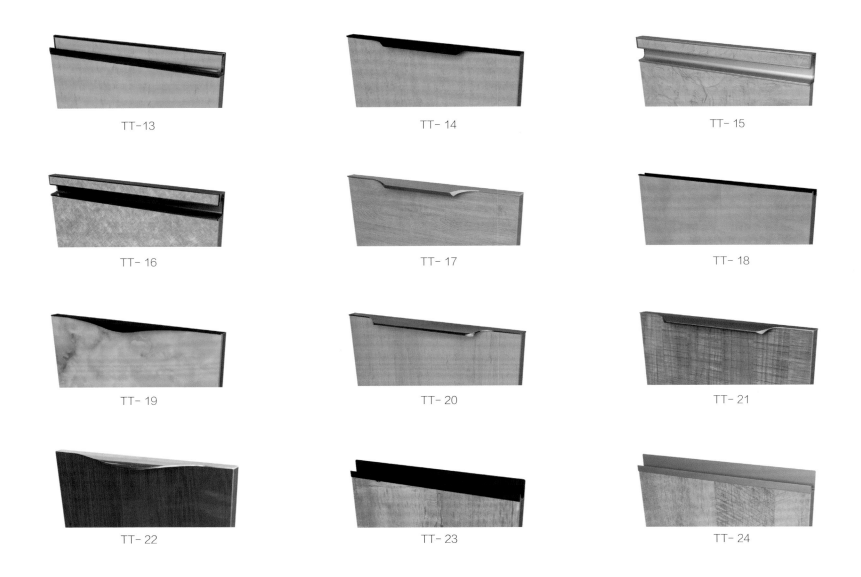

TT-13

TT- 14

TT- 15

TT- 16

TT- 17

TT- 18

TT- 19

TT- 20

TT- 21

TT- 22

TT- 23

TT- 24

不同材质拉手展示

LS- 01

材质：锌合金
表面工艺颜色：珍珠黑镍、亚光镍拉丝
⊕⊕ 孔距：320 mm、160 mm

LS- 02

材质：锌合金
表面工艺颜色：珍珠黑镍、镀红铜
⊕⊕ 孔距：160 mm、96 mm

LS- 03

材质：锌合金
表面工艺颜色：珍珠黑镍
⊕⊕ 孔距：128 mm、96 mm

LS- 04

材质：锌合金
表面工艺颜色：珍珠黑镍
⊕⊕ 孔距：128 mm

LS- 05

材质：锌合金
表面工艺颜色：亮光珍珠金、铬－亚黑、镀红铜、
亚光珍珠黑镍、棕古铜、铬－砂镍
⊕⊕ 孔距：128 mm

LS- 06

材质：锌合金
材质：锌合金
表面工艺颜色：雪花古铁、半亚镀红铜、亚光黑镍拉丝
⊕⊕ 孔距：128 mm、96 mm、单孔

LS- 07

材质：锌合金
表面工艺颜色：珍珠黑镍拉丝
⊕⊕ 孔距：128 mm

LS- 08

材质：锌合金
表面工艺颜色：珍珠黑镍
⊕⊕ 孔距：128 mm

LS- 09

材质：锌合金
表面工艺颜色：半亚镀铜、珍珠黑镍
⊕⊕ 孔距：320 mm、160 mm、128 mm

LS- 10

材质：锌合金
表面工艺颜色：亚光镍拉丝、雪花古铁、半亚镀铜、亚光黑镍拉丝
孔距：64 mm、96 mm、128 mm

LS- 11

材质：纯铜
表面颜色：黑咖啡、欧洲金、象牙白
孔距：64 mm、96 mm、128 mm

LS- 12

材质：纯铜
表面颜色：黑咖啡、欧洲金
孔距：96 mm、128 mm

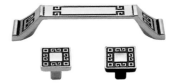

LS- 13

材质：纯铜
表面工艺颜色：黑咖啡、亚光青古
孔距：96 mm、128 mm

LS- 14

材质：纯铜
表面颜色：黑咖啡、欧洲金
孔距：96 mm、128 mm

LS- 15

材质：纯铜
表面颜色：黑咖啡
孔距：单孔、96 mm、128 mm

LS- 16

材质：纯铜
表面颜色：黑咖啡、欧洲金
孔距：单孔、96 mm、128 mm

LS- 17

材质：锌合金
表面工艺颜色：亮铬、真金、棕古铜
孔距：单孔、128 mm

LS- 18

材质：锌合金
表面工艺颜色：金、亮镍
孔距：64 mm、96 mm、128 mm、192 mm、288 mm

LS- 19

材质：锌合金
表面工艺颜色：镜面亮铬
⌖ 孔距：64 mm、96 mm、192 mm

LS- 20

材质：锌合金
表面工艺颜色：亮铬
⌖ 孔距：96 mm、128 mm、160 mm

LS- 21

材质：锌合金
表面工艺颜色：亮镍
⌖ 孔距：64 mm、96 mm、128 mm

LS- 22

材质：锌合金
表面工艺颜色：亮镍、镍拉丝
⌖ 孔距：96 mm、128 mm、160 mm

LS- 23

材质：锌合金
表面工艺颜色：亚光黄古铜
⌖ 孔距：单孔、128 mm、192 mm

LS- 24

材质：锌合金
表面工艺颜色：亮镍拉丝、黑漆
⌖ 孔距：96 mm、128 mm

LS- 25

材质：锌合金
表面工艺颜色：亚光青古铜
⌖ 孔距：96 mm

LS- 26

材质：锌合金
表面工艺颜色：青古铜、银
⌖ 孔距：单孔

LS- 27

材质：锌合金
表面颜色：咖啡红铜
⌖ 孔距：单孔、96 mm、128 mm、192 mm

LS- 28

材质：锌合金
表面工艺颜色：咖啡红铜、亚黑、黄古铜
⌖ 孔距：单孔、96 mm

LS- 29

材质：锌合金
表面工艺颜色：青古铜、黑古银
⌖ 孔距：单孔、96 mm、128 mm

LS- 30

材质：锌合金
表面颜色：象牙白
孔距：64 mm、96 mm、128 mm

LS- 31

材质：锌合金
表面颜色：象牙白
孔距：96 mm、128 mm

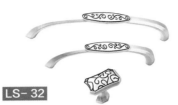

LS- 32

材质：锌合金
表面颜色：象牙白
孔距：单孔、96 mm、128 mm

LS- 33

材质：锌合金
表面颜色：象牙白
孔距：96 mm、128 mm

LS- 34

材质：锌合金
表面颜色：象牙白
孔距：单孔、96 mm、128 mm

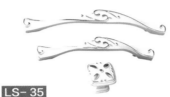

LS- 35

材质：锌合金
表面颜色：象牙白
孔距：单孔、96 mm、128 mm

LS- 36

材质：锌合金
表面颜色：象牙白
孔距：单孔、96 mm、128 mm

LS- 37

材质：锌合金
表面颜色：象牙白
孔距：单孔

LS- 38

材质：锌合金
表面工艺颜色：青古铜、红古铜
孔距：96 mm、128 mm

LS- 39

材质：锌合金
表面工艺颜色：青古铜、红古铜
孔距：96 mm、128 mm

LS- 40

材质：锌合金
表面工艺颜色：青古铜、红古铜
孔距：96 mm、128 mm

LS- 41

材质：锌合金
表面工艺颜色：青古铜
孔距：96 mm、128 mm

LS- 42

材质：锌合金
表面工艺颜色：青古铜、红古铜
孔距：96 mm、128 mm

LS- 43

材质：锌合金
表面工艺颜色：青古铜
孔距：单孔

LS- 44

材质：锌合金
表面工艺颜色：青古铜
孔距：96 mm、128 mm

LS- 45

材质：锌合金
表面工艺颜色：青古铜、红古铜
孔距：96 mm

LS- 46

材质：木
表面工艺颜色：木纹（不带漆）
竹节：128 mm、224 mm

LS- 47

材质：木
表面工艺颜色：木纹（带漆）

LS- 48

材质：木
表面颜色：木纹
半圆木拉手：192 mm、96 mm、64 mm

LS- 49

材质：木
表面颜色：木纹
电话：96 mm、64 mm

LS- 50

材质：木
表面颜色：木纹
枪头：96 mm、224 mm

LS- 51

材质：木
表面颜色：木纹
蝴蝶：96 mm、196 mm

LS- 52

材质：木
表面颜色：木纹

LS- 53

材质：木
表面颜色：木纹

LS- 54

材质：铝合金
表面颜色：银色、沙白
中中孔距：160 mm、192 mm、256 mm、288 mm、320 mm

LS- 55

材质：铝合金
表面颜色：银色、沙白
中中孔距：96 mm、128 mm、160 mm、192 mm

LS- 56

材质：铝合金
表面颜色：银色、沙白
中中孔距：64 mm、96 mm、128 mm、160 mm、192 mm

LS- 57

材质：铝合金
表面颜色：银色、沙白
中中孔距：96 mm、128 mm、160 mm、192 mm

LS- 58

材质：铝合金
表面颜色：银色、沙白
中中孔距：96 mm、128 mm、160 mm、192 mm、
224 mm、256 mm、288 mm

LS- 59

材质：铝合金
表面颜色：银色、沙白
中中孔距：96 mm、128 mm、160 mm、192 mm、
224 mm、288 mm

LS- 60

材质：铝合金
表面颜色：银色、双色
中中孔距：嵌入 64 mm、96 mm、128 mm

LS- 61

材质：铝合金
表面颜色：银色、双色
中中孔距：嵌入 64 mm、96 mm、128 mm

LS-62

材质：塑料 + 锌合金
孔距：单孔

LS-63

材质：塑料 + 锌合金
孔距：单孔

LS-64

材质：塑料 + 锌合金
孔距：单孔

LS-65

材质：塑料 + 锌合金
孔距：单孔

LS-66

材质：塑料 + 锌合金
孔距：单孔

LS-67

材质：塑料 + 锌合金
孔距：单孔

LS-68

材质：塑料 + 锌合金
孔距：单孔

LS-69

材质：塑料 + 锌合金
孔距：单孔

LS-70

材质：塑料 + 锌合金
孔距：单孔

LS-71

材质：塑料 + 锌合金
孔距：单孔

LS-72

材质：塑料 + 锌合金
孔距：单孔

LS-73

材质：塑料 + 锌合金
孔距：单孔

LS-74

材质：塑料 + 锌合金
孔距：单孔

LS-75

材质：塑料 + 锌合金
孔距：单孔

LS-76

材质：塑料 + 锌合金
孔距：单孔

LS-77

材质：塑料 + 锌合金
孔距：单孔

LS-78

材质：塑料 + 锌合金
孔距：单孔

LS-79

材质：塑料 + 锌合金
孔距：单孔